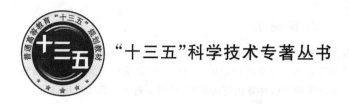

"十三五"科学技术专著丛书

工程领域典型算法应用的设计与实现

高洪波 著

北京邮电大学出版社
www.buptpress.com

内 容 简 介

本书主要内容源自作者常年深入研究典型算法在实际工程领域中应用的研究成果,具有较强的原创性和实际应用的针对性。其内容主要包括马氏距离判别算法应用研究、TOPSIS算法应用研究、灰色预测算法应用研究、灰色关联算法应用研究、高斯—牛顿非线性算法应用研究、时间序列分析算法应用研究、主成分分析算法应用研究、遗传算法应用研究、分形算法应用研究、组合预测算法应用研究。

本书对工程技术人员在工程领域中解决实际问题的算法选取、设计与实现有着较大的参考价值和借鉴意义,也可作为高等院校学生参加全国大学生数学建模竞赛等各类数学建模竞赛赛前辅导用书。

图书在版编目(CIP)数据

工程领域典型算法应用的设计与实现 / 高洪波著 . -- 北京:北京邮电大学出版社,2018.12
ISBN 978-7-5635-5662-5

Ⅰ.①工… Ⅱ.①高… Ⅲ.①计算机算法 Ⅳ.①TP301.6

中国版本图书馆 CIP 数据核字(2018)第 284918 号

书　　　名:工程领域典型算法应用的设计与实现	
责 任 编 辑:满志文	
出 版 发 行:北京邮电大学出版社	
社　　　址:北京市海淀区西土城路 10 号(邮编:100876)	
发 行 部:电话:010-62282185　传真:010-62283578	
E-mail:publish@bupt.edu.cn	
经　　　销:各地新华书店	
印　　　刷:保定市中画美凯印刷有限公司	
开　　　本:787 mm×1 092 mm　1/16	
印　　　张:8.75	
字　　　数:214 千字	
版　　　次:2018 年 12 月第 1 版　2018 年 12 月第 1 次印刷	

ISBN 978-7-5635-5662-5　　　　　　　　　　　　　　　　　　定　价:35.00 元

前　言

　　算法是工程技术人员构建模型,解决工程领域中实际问题必不可少的技能。作为工程技术人员,只有掌握算法的设计与实现的基本知识和技能,才能正确地对工程领域中的实际问题进行有效的分析和解决,保证所设计的算法模型既精准可靠又经济合理。作为工程技术人员,不仅需要较高的专业技能,而且也需要具备一定的应用计算机信息技术的能力,尤其是针对实践工作中的问题,需要具备通过选择合理的算法构建相应模型的能力,从而使解决问题的方式和手段最优,费用更省,途径更简约等,这样才能有效地提升工作效率和质量。目前,国家对高素质职业人才的需求日增,鉴于此,本书作者将自己多年来在工程领域中应用的算法设计与实现的研究成果结集成册,形成了这本专著,相信对提升工程技术人员在实际工程领域中解决实际问题典型算法的选择、模型的设计与实现有着较大的借鉴价值。

　　本书研究探讨了工程领域中解决实际问题典型算法应用的设计与实现,在算法选择和模型设计的实现方面,以"实用"为度,以"合理"为准,理论紧密联系实际,充分体现了工程适用和相关算法理论相结合的研究内容体系,按照认知规律兼顾工程实用的原则展开研究,本书主要有以下特点:

　　(1)研究内容的实用性。力求贯彻理论联系实际的原则,突出相关算法理论的实际应用,加强针对性和实用性,并尽量反映国内外最新成就和发展趋势。重点研究了典型算法在实际工程领域中应用的设计与实现。

　　(2)研究成果的原创性、创新性和实际应用的针对性。本书作者有在教育系统和水利工程系统工作的经历,具有丰富的在实际工程领域中典型算法应用的研究经验。本书是作者多年来潜心研究工程领域算法应用成果的集中体现,书中大多数内容是由作者近年来在北大图书馆中文核心刊物上发表的论文修改而来,因此,本书内容具有较强原创性、创新性和实际应用的针对性。

　　总之,本书具有较为鲜明的特点,针对实际工程中的问题,在充分考虑实际应用场景和背景的基础上,本着不求高深而求实用、适用,不求全面而求有效、高效的原则,从问题场景和相关算法的选取与设计分析入手,研究了解决工程领域中实际问题的典型算法应用的设计与实现,其中许多都是来自实际工程领域典型算法设计与实现的应用案例,因此对于工程领域中实际问题的解决有着较大的参考意义与价值。

本书的完稿得到了作者在南京邮电大学做访问学者期间的导师、中国通信学会物联网委员会秘书长、南京邮电大学物联网学院院长、博士生导师张登银研究员的悉心指导和鼓励,使本书在学术水平和质量上都得到了进一步完善和提升。另外,本书一些工程领域中解决问题算法的选取与模型的构建研究得到了杭州汽轮机股份有限公司工程师高骥同志的倾力支持,使本书中许多研究成果更加贴近工程领域应用实际和更"接地气"。作者在此一并对他们的帮助致以诚挚的感谢!

作　者
2018 年 6 月 30 日

目　　录

第1章 绪 论

1.1 算法概述

1.1.1 算法溯源

算法在我国最早可追溯至《周髀算经》《九章算术》，在中国古代文献中称为"术"。例如，在《九章算术》中给出了四则运算、最大公约数、最小公倍数、开平方根、开立方根等计算方法。又如，三国时代刘徽就给出了求圆周率的算法，即刘徽割圆术。总之，中国自唐代以来，历代都有许多专门论述"算法"的专著，数量可以用不胜枚举来形容。我国古代的筹算口诀与珠算口诀及其执行规则就是算法的雏形。古希腊数学家欧几里得在公元前3世纪就提出了一个算法，来寻求两个正整数的最大公约数，这就是有名的欧几里得算法，也称辗转相除法。

算法的英文单词 Algorithm 来自9世纪波斯数学家名字 al-Khwarizmi，因为 al-Khwarizmi 在数学上提出了算法这个概念。"算法"原为 Algorism，其含义是阿拉伯数字的运算法则，在18世纪演变为"Algorithm"。欧几里得算法被人们认为是史上第一个算法。第一次编写程序是 Ada Byron 于1842年为查尔斯·巴贝奇(Charles Babbage)分析机编写求解伯努利方程的程序，因此 Ada Byron 被大多数人认为是世界上第一位程序员。因为巴贝奇未能完成他的巴贝奇分析机，因此这个算法也未能在巴贝奇分析机上执行。19世纪和20世纪早期的数学家、逻辑学家在定义算法上出现了困难。20世纪的英国数学家图灵提出了著名的图灵论，并提出一种假想的计算机的抽象模型，这个模型被称为图灵机。图灵机的出现解决了算法定义的难题，图灵的思想对算法的发展起到了重要的作用。这也是图灵奖为计算机科学方面的最高奖项的缘由之一。

在古代，计算通常是指数值计算，在现代，计算已经远远地突破了数值计算的范围，包括大量的非数值计算，例如检索、表格处理、判断、决策、形式逻辑演绎等。在20世纪以前，人们普遍地认为，所有的问题类都是有算法的。20世纪初，数学家们发现有的问题类是不存在算法的，遂开始进行能行性研究，于是现代算法的概念逐步明确起来。随后数学家们提出了递归函数、图灵机等计算模型，并提出了丘奇—图灵论题(见可计算性理论)，这才有可能把算法概念形式化。按照丘奇—图灵论题，任意一个算法都可以用一个图灵机来实现；反之，任意一个图灵机都表示一个算法。按照上述理解，算法是由有限多个步骤组成的，它有下述两个基本特征：每个步骤都明确地规定要执行何种操作；每个步骤都可以被人或机器在有限的时间内完成。人们对于算法还有另一种不同的理解，要求算法除了上述两个基本特征外，还要具有第三个基本特征：虽然有些步骤可能被反复执行多次，但是在执行有限多次之后,就一定能够得到问题的解答。也就是说,一个处处停机(即对任意输入都停机)的图灵机才表示一个算法,而每个算法都可以被一个处处停机的图灵机来实现。

1.1.2　算法分类

算法是指解题方案的准确而完整的描述,是一系列解决问题的清晰指令,算法代表着用系统的方法描述解决问题的策略机制。目前国内外有关的研究和科学文献中对于算法分类这个术语还没有明确定义,算法可以简单地根据算法设计原理、算法的具体应用和其他一些特性进行分类。可分为基本算法或根据具体应用领域进行分类。在学习中,按照学习方式,常把算法分为监督学习算法、非监督学习算法及半监督学习算法;按照图论的算法进行分类,算法可以分为哈夫曼编码、树的遍历、最短路径算法、最小生成树算法、最小树形图、网络流算法、匹配算法。

算法中指令描述的是一个计算,当其运行时能从一个初始状态(也可能为空)和初始输入开始,经过一系列有限而清晰定义的状态,最终产生输出并停止于一个终态。一个状态到另一个状态的转移不一定是确定的。随机化算法包含了一些随机输入。也就是说,能够对一定规范的输入,在有限时间内获得所要求的输出。如果一个算法有缺陷,或不适合于某个问题,那么这个算法将不会解决这个问题。不同的算法可以用不同的时间、空间或效率来完成同样的任务。一个算法的优劣可以用空间复杂度与时间复杂度来衡量。综上所述,算法可以宽泛地分为以下三类。

(1)有限的确定性算法。这类算法在有限的一段时间内终止。它们可能要花很长时间来执行指定的任务,但仍将在一定的时间内终止。这类算法得出的结果常取决于输入值。

(2)有限的非确定算法。这类算法在有限的一段时间内终止。然而对于一个(或一些)给定的数值,算法的结果并不是唯一的或确定的。

(3)无限的算法。是指由于没有定义终止的条件,或定义的条件无法由输入的数据满足而不终止运行的算法。通常,无限算法的产生是由于未能确定的定义终止条件。

1.1.3　算法的特征

算法一般应具有以下特征。

(1)输入项:一个算法有零个或多个输入,以刻画运算对象的初始情况。

(2)确定性:算法的每一个步骤必须要确切地定义,即算法中所有有待执行的动作必须严格而不含混地进行规定,不能有歧义性。例如,欧几里得算法中,首先明确规定了"以 m 除以 n",而不能有"以 m 除以 n"或"以 n 除以 m",这类有两种可能做法的规定。

(3)有穷性:一个算法在执行有穷步骤后必须结束。也就是说,一个算法,它所包含的计算步骤是有限的。例如,在欧几里得算法中,m 和 n 均为正整数,在执行步骤 1 之后,r 必小于 n,若 r 不等于 0,下一次进行步骤 1 时,n 的值已经减小,而正整数的递降序列最后必然要终止。因此,无论给定 m 和 n 的原始值有多大,步骤 1 的执行次数都是有穷的。

(4)输出项:一个算法有一个或多个输出。输出是与输入有某个特定关系的量,简单地说就是算法的最终结果。

(5)可行性:算法中有待执行的运算和操作必须是相当基本的。换言之,它们都是能够精确地进行的算法,执行者甚至不需要掌握算法的含义,即可根据该算法的每一步骤的要求进行操作,并最终得出正确的结果。

1.1.4 算法要素

算法要素主要包含数据的运算和操作等方面。计算机可以执行的基本操作是以指令的形式描述的。一个计算机系统能执行的所有指令的集合,称为该计算机系统的指令系统。一个计算机的基本运算和操作有四类:第一,算术运算,即加减乘除等运算;第二,逻辑运算,即与、或、非等运算;第三,关系运算,即大于、小于、等于、不等于等运算;第四,数据传输,即输入、输出、赋值等运算。另外就是算法的控制结构,一个算法的功能结构不仅取决于所选用的操作,而且还与各操作之间的执行顺序有关。

1.1.5 算法效能评价

算法效能评价包含以下五个方面。

(1)时间复杂度。算法的时间复杂度是指算法需要消耗的时间资源。

(2)空间复杂度。算法的空间复杂度是指算法需要消耗的空间资源。其计算和表示方法与时间复杂度类似,一般都用复杂度的渐近性来表示。

(3)正确性。算法的正确性是评价一个算法优劣最重要的标准。

(4)可读性。算法的可读性是指一个算法可供人们阅读的容易程度。

(5)健壮性。算法的健壮性是指一个算法对不合理数据输入的反应能力和处理能力,也称为容错性。

1.1.6 算法的描述方式

1. 用自然语言描述算法

前面关于欧几里得的算法以及算法实例的描述,使用的都是自然语言。自然语言是人们日常所用的语言,如汉语、英语、德语等。使用这些语言不用专门训练,用该法描述的算法也通俗易懂。

2. 用流程图描述算法

流程图是描述算法的常用工具。流程图用一些图形符号来表示算法。

3. 用伪代码描述算法

伪代码是用介于自然语言和计算机程序设计语言之间的文字和符号来描述算法的工具。它不用图形符号,因此书写方便、格式紧凑,易于理解,便于向计算机程序设计语言过渡。

4. 用程序描述

程序是算法用某种程序设计语言的具体实现。例如,操作系统是一个在无限循环中执行的程序,操作系统的各种任务可看成是单独的问题,每一个问题由操作系统中的一个子程序通过特定算法来实现。该子程序得到输出结果后便终止。

要使计算机能完成人们预定的工作,首先必须为预定的工作设计一个软件算法,然后再根据软件算法编写程序。计算机程序要对问题的每个对象和处理规则给出正确详尽的描述。其中程序的数据结构和变量用来描述问题的对象;程序结构、函数和语句用来描述问题的算法。算法和数据结构是程序的两个重要方面。算法是问题求解过程的精确描述,一个算法由有限条可完全机械地执行的、有确定结果的指令组成。指令正确地描述了要完成的任务和它们被执行的顺序。计算机软件算法指令所描述的顺序执行算法的指令能在有限的步骤内终止,或终止于给出问题的解,或终止于指出问题对此输入数据无解。

1.1.7　基本算法

1. 递推法

递推法是利用问题本身所具有的一种递推关系求问题解的一种方法。它把问题分成若干步,找出相邻几步的关系,从而达到目的,此方法称为递推法。

2. 递归法

递归指的是一个过程:函数不断引用自身,直到引用的对象已知。

3. 穷举搜索法

穷举搜索法是对可能是解的众多候选解按某种顺序进行逐一枚举和检验,并从中找出符合要求的候选解作为问题的解。

4. 贪婪法

贪婪法是一种不追求最优解,只希望得到较为满意解的方法。贪婪法一般可以快速得到满意的解,因为它省去了为找最优解要穷尽所有可能而必须耗费的大量时间。贪婪法常以当前情况为基础作最优选择,而不考虑各种可能的整体情况,所以贪婪法不需要回溯。

5. 分治法

分治法是把一个复杂的问题分成两个或更多的相同或相似的子问题,再把子问题分成更小的子问题,直到子问题可以简单地直接求解,原问题的解即子问题的解的合并。

6. 动态规划法

动态规划是一种在数学和计算机科学中使用的、用于求解包含重叠子问题的最优化问题的方法。其基本思想是,将原问题分解为相似的子问题,在求解的过程中通过子问题的解求出原问题的解。动态规划的思想是多种算法的基础,被广泛应用于计算机科学和工程领域。

7. 迭代法

迭代法是数值分析中通过从一个初始估计出发寻找一系列近似解来解决问题的过程。为实现这一过程所使用的方法统称为迭代法。

8. 分支界限法

与贪婪法一样,这种方法也是用来为组合优化问题设计求解算法的,所不同的是它在问题的整个可能解空间搜索,所设计出来的算法虽然时间复杂度比贪婪法高,但是它的优点是与穷举法类似,都能保证求出问题的最佳解,而且这种方法不是盲目的穷举搜索,而是在搜索过程中通过限界,可以中途停止对某些不可能得到最优解的子空间进一步搜索(类似于人工智能中的剪枝),故它比穷举法效率更高。

1.1.8　软件—程序—算法之间的关系与区别

通常认为,软件=程序+文档=数据结构+算法+文档。另外,软件是包含程序的有机集合体,程序是软件的必要元素。任何软件都有至少一个可运行的程序。比如:操作系统给的工具软件计算器等,很多都只有一个可运行程序。而 Office 是一个办公软件包,包含了许多可运行程序的组件,如电子表格、文字处理、PPT 等。严格来说,程序是指用编程语言编制的完成特定功能的软件。程序从属于软件,软件除包含程序外,还包含各种资料文档等。

软件是程序以及开发、使用和维护所需要的所有文档的总称,而程序是软件的一部分。算法是程序的灵魂,一个需要实现特定功能的程序,实现它的算法可以有很多种,算法的优劣决定着程序的好坏。程序员利用熟练掌握了的程序设计语言的语法,进行程序设计和软件开发就是设计好的算法。好的算法加上软件工程的理论才能做出较好的系统。软件是包含程序的有机集合体,程序是软件的必要元素,是软件的一部分。一般地,一款软件具有各种各样的功能,而程序只执行专一的命令。软件一般是由很多程序组成的,每条程序在其中做着比较固定的工作。

综上所述,程序是软件的内在因子,而软件是一个或多个程序通过编译器编译出来的成品。软件是许多能实现某些固定任务的程序的集合。也就是说,软件是由许许多多的程序组合而成的。程序是由编程人员通过某种编程语言编写出来能实现某些固定任务的代码。编程人员能够通过某种程序设计语言编写出一些能实现某些固定任务的程序段,再把这些程序段集合起来,通过编译程序编译成软件,也就是我们通常在计算机上使用的各种软件了。

1.2　算法在实际工程中的应用

随着计算机技术突飞猛进的发展,算法在解决实际工程问题中的应用越来越广泛,如在社会经济计划、工程设计、生产管理、交通运输、国防等国民经济重要领域都发挥着十分重要的作用。下面主要介绍算法在工程中具有代表性的应用。

1.2.1　建筑工程

软件算法目前已经很好地运用于工程建筑领域。许多建筑工程单位利用计算机的软件算法进行相关的成本预算、收益预算以及采购预算等。相关的建筑单位可以根据特定的程序,对所采用的数据进行输入,在完成输入后,利用统一的程序计算出建筑工程中的相关数据。目前,随着计算机软件算法水平的提高,建筑工程领域对软件算法的大量运用,很大程度上提高了工程建筑的运作效率。

1.2.2　船舶建造

软件算法在船舶建造领域有着广泛的运用。在船舶建造过程中,往往通过软件算法进行合理的计算,算出所要使用的材料量。利用软件算法中的贪婪算法,可以最大限度上节省所要使用的建造材料以及资源,减少在船舶建造过程中的资源浪费。因此可以说,软件算法的广泛运用,在很大程度上解决了船舶建造过程中有关资源浪费的一系列问题。因此,在我国船舶建造过程中一般都会选择软件算法的运用。

1.2.3　金融领域

在金融领域方面利用软件算法,是近些年来的一种发展趋势。通过软件算法,可以实时地分析出现阶段金融时态的变化过程,以及掌握相关的金融数据。因此软件算法在金融领域的运用逐步深化。现阶段,我国银行业发行的金融 IC 卡全部采用国外芯片和国际通用标准算法(金融社保卡除外),这是软件算法的一种重要的运算形式,这种方式方法的运用,无疑为我国金融银行领域提供了便利的条件、建立了便利的基础。

1.2.4 资源开发

软件算法也广泛地运用于资源开发领域过程中,资源高效率的合理开发和利用是近些年来所追求的目标,因此,利用软件算法对开采度等数据进行计算,可以很好地把握资源的开采程度,防止资源开采过度造成资源的枯竭,或者资源的开采力度不够,不能实现较大的经济效益。因此可以说,计算机软件算法在资源开采方面也有很大的作用。

软件算法不仅运用在以上所列举的四个领域,还在医学、道路设计、数学研究等多个领域有所利用和发展。近些年来,越来越多的软件算法被开发,不同的领域运用不同的软件算法,带来了极大的便利性。

1.3 算法优化理论

最优化是应用数学的一个分支,主要研究以下形式的问题:给定一个函数,寻找一个元素满足 A,取得最小化或者最大化。这类定式有时还被称为"数学规划"或"线性规划"。许多现实和理论问题都可以建模成这样的一般性框架。最优化是一门应用相当广泛的学科,它讨论决策问题中最佳选择的特性,构造寻求最佳解的计算方法,研究这些计算方法的理论性质及实际计算表现。伴随着计算机的高速发展和优化计算方法的进步,能够解决的优化问题的规模越来越大。最优化问题广泛见于经济计划、工程设计、生产管理、交通运输、国防等重要领域,它已受到政府部门、科研机构和产业部门的高度重视。

1.3.1 算法优化的概念

算法优化是对算法的有关性能进行优化,如时间复杂度、空间复杂度、正确性、健壮性。在大数据时代,算法要处理的数据的数量级也越来越大,处理问题的场景也千变万化。为了增强算法的处理问题的能力,对算法进行优化是必不可少的。算法优化一般是对算法结构和收敛性进行优化。优化问题广泛地存在于生活、生产以及科研活动中。解决优化问题有传统优化方法以及智能优化算法两大类。传统优化方法有着坚实的数学理论基础,但只能解决小部分具有特殊数学特征的优化问题。智能优化算法避开传统优化方法的强数学特征,具有很强的适应性,但缺乏统一的理论框架。下面简单回顾下优化理论发展的历史。

1.3.2 古典优化理论

在现实生活中,人们总想要达到目标最优化。例如,在生产布局方面,如何选择工厂地址、合理布置机器设备以及制定有效的运输路线,以使得运输费用最少。在生产过程中,如何制定合理的生产计划、才能有效地调度设备和人力,从而使用最少的资源生产出最多的产品。在金融投资领域,如何合理地分配投资项目,从而使投资的收益最大而风险又最小。在科学研究领域,如何合理配置参数,从而使在获得充分的数据条件下实验次数最少等等。这些问题都可以归结为优化问题。

一般地,优化问题可定义为:给定一组决策变量,存在该组决策变量的目标函数,欲求出确定的决策变量,使其为最优。决策变量的取值范围称为可行解域。目标函数值最优有最大值和最小值两种情况,通常情况下说的目标函数最优是取其最小值,这是因为对于求最大值的优化问题,只需将目标函数取反即可将其转化为求最小值的优化问题。

由于优化问题广泛存在,因此,优化问题很早就得到了人们的关注。早期的数学家对优化问题的数学特征进行了研究,根据一元函数局部优的导数特点提出了局部优的一阶必要条件,欧拉将这个条件扩展到多元函数。无约束优化问题的一阶必要条件和二阶充分条件将其转化为解方程或方程组问题。随后为了对具有等式约束条件的多元函数优化提供一般性的方法,又探索出了乘子法,乘子法是将等式约束优化问题转化为解方程组问题的优化方法。

乘子法用解方程的方法来解优化问题,使数学方法可以得到充分的应用。但是,由优化问题转化而来的方程组,往往比较复杂难解,有时候还是不定方程组。因此,用迭代算法找近似解的方法成为优化算法的主要方法。使用迭代算法找近似解,就是从单个初始解出发,向确定的方向移动一定的步长距离,如此迭代直至解的误差在设定范围内,最后的近似解就是优化问题的解。至此,古典优化理论发展到了一个"瓶颈",直到20世纪中叶优化理论也没有新的进展。

1.3.3 现代传统优化理论

早期的研究包含了优化理论的两大板块——优化问题和优化算法。优化问题的理论主要集中在目标函数在可行解域上的数学特征的研究,所回答的问题是什么特征的解是优化解,而优化算法的理论则是研究如何找到具有优化特征的解,回答的问题是如何得到具有优化特征的解。由于优化问题的广泛存在,这就要求发展出解决这些问题的一般方法,要求优化理论进一步完善。数学的发展为优化理论的发展奠定了基础。传统的优化理论仍然是先研究优化问题,得到优化解的数学特征,再根据这个数学特征设计优化算法。

现代传统优化理论是从线性规划理论的提出开始大发展的,这得益于现代经济发展的需要和计算机的出现。现代经济的发展要求优化理论解决在经济社会中面临的各种优化问题,这些问题往往规模很大,靠人工计算是不可能的。只有在电子计算机出现后,这些优化理论和计算任务才成为可能。

受线性规划发展的启发,人们很自然地将目标投向非线性领域。20世纪中叶,有关学者提出了约束优化问题的必要条件和充分条件,标志着非线性规划正式诞生。大多数非线性规划问题都是比较难以解决的,而其中的凸规划问题是相对容易的,这方面的研究大多是借鉴线性规划结果,再将其推广到凸规划领域。例如,在二次规划中的单纯形算法以及在凸规划中引入的内点法。随后,学术界又提出了动态规划原理,为优化问题的计算提供可行的方法。这些优化理论奠定了现代优化理论与算法的基础。但在这之后,优化理论的进展主要表现在以下几个方面。

(1) 将在传统微积分领域内的结果推广到现代分析领域,形成更一般的形式优化算法;

(2) 稳定理论复杂性方面的算法研究以及对某些特定场合的优化技术研究,如平滑技术、松弛技术以及一些变换函数的方法。

较长时间以来,这些进展只是发生在局部领域,说明传统的优化理论与技术已经处于"瓶颈"的状态,需要寻找新的优化理论与技术来满足日益复杂的需求。

1.3.4 传统优化理论的局限性

传统优化理论有坚实的数学理论基础,在社会经济、科研和生产领域得到大量的应用。由于需要预先获知优化解的数学特征,才能根据优化解的数学特征设计出优化算法,所以传统优化理论有着以下的局限性。

首先,传统优化理论只能解决优化问题中的一小类问题,其数学特征能够被精确认识。传统优化算法是确定性的、精确的算法,其每一步的搜索都要有充分的依据,这需要建立在对优化问题的目标函数以及可行解域的充分认识之上。由于数学本身的局限性,它只能附加一些条件来降低问题的困难性。因此,数学对优化问题的模型有着很严格的条件,对其解空间有严格的数学特征的限制。比如线性规划需要目标函数和约束条件均是线性的凸规划,并要求对目标函数和约束条件的数学特征放宽一些,但要求是凸的,仍然是非常严格的条件。这些条件的限制使传统优化算法的应用范围大大变窄,只有一小类问题能够满足其条件。同时,现实中遇到的许多问题,其解空间的特征目前尚不能清楚地知道如组合优化问题等。所以,传统优化算法对于不能从数学上精确描述其特征的优化问题也是无能为力的。

其次,传统优化算法无法跳出局部优化解。传统优化算法从本质上讲是局部寻优方法,对于全局只有一个局部优化解的问题是合适的,但对于全局有多个局部优化解的情况,它就无法保证收敛到全局最优解。也是由于这个原因,它非常依赖于初始解的选取,一般只会收敛到初始解所在区域的局部最优解。

最后,传统优化方法要求先求得优化问题的优化解的数学特征,然后再针对该特征进行设计优化算法。这无形中增加了其应用的难度,也对应用者提出了较高的要求,不但需要较为深厚的数学理论基础,而且需要对优化问题的相关领域知识要相当熟悉,同时还必须具备算法设计的能力。不仅如此,在实际的应用中,如果优化问题不能用传统优化问题直接解决,那么就需要将原问题进行转化,这就要求有很高的数学技巧。这也使传统优化算法在工程上的应用受到较大的限制,只有一些成熟的、已得到很好解决的优化问题才能使用传统优化算法。

1.3.5 智能优化算法及其局限性

1. 智能优化算法

传统优化理论的局限性部分地反映了数学理论的局限性。以目前的数学理论尚不能给出大多数的优化问题的优化解的数学特征。所以在数学理论尚未有实质性突破的情况下,传统优化理论的局限性难以得到克服。近年来,优化算法研究者们并没有局限在传统优化方法的研究中,他们开辟了另一条优化计算的道路——不需要预先确知优化问题的优化解的数学特征,通过启发式的算法对优化问题求解。启发式优化算法是近似算法,不保证求得最优解,并在有限的时间内求得可以接收的近似优化解。启发式优化算法以其快速有效的特点得到广泛应用,也因其无法得到最优解受到颇多诟病。

智能优化算法就是一类特殊的启发式优化算法,是通过模仿自然和生物现象发展出一类新的优化算法。在自然界中，存在着许多的优化现象，比如生物总朝着最适应环境的方向进化，蚂蚁等群居动物通过群体活动可以获得最优觅食路径。研究人员注意到这些自然现象中包含着一些优化的机理，并将这些机理运用到优化计算中，从而发展出各种智能优化算法。

由于智能优化算法在实际的应用中简单有效而得到广泛的应用，尤其在解决具有复杂结构的优化问题中，有着传统优化算法无可比拟的优势。所以，智能优化算法得到研究者的极大的关注。从近年来的研究文献来看，智能优化算法的应用领域越来越广。但随着对算法应用的研究，智能优化算法的局限性也日渐显现出来。

2. 智能优化算法的局限性

首先，智能优化算法最为明显的缺陷就是它的理论基础还不够完善。智能优化算法的原理受自然现象或者生物现象的启发，在实践中也得到一定程度上的验证。但缺乏规范而严格的数学描述，显得理论方面的说服力不强。因此，很多学者认为，智能优化算法并不是一门严谨的学科，缺乏坚实的理论基础，只能算一门实验学科。

智能优化算法的理论缺陷主要表现在三个方面。第一，智能优化算法的优化原理存在理论上的缺陷。传统优化算法能够提供最优解的特征，在一定范围内给出充分和必要条件。而目前任何一种智能优化算法都无法给出最优解的必要和充分条件，从而无法回答为什么是最优解的问题。第二，智能优化算法的效率也缺乏理论上的支持。例如传统优化算法中的牛顿法有二次终止性，显示了算法的收敛速度。而智能优化算法缺乏收敛速度的理论描述。目前，智能优化算法关于收敛方面的研究主要集中在算法全局收敛性的论证，如利用不可约遍历马尔可夫链的平稳分布来说明算法收敛于全局最优解。第三，智能优化算法的理论研究只是限定在各自算法的范围内，缺乏统一的理论研究框架。关于统一理论框架的问题，已有学者注意到这个问题，并做了一定研究，但仍存在着一定的问题。

其次，智能优化算法缺乏统一的评价标准。传统优化算法的评价方法是考察算法收敛性和收敛速度，并对收敛速度给出了明确的定义。但是这些定义并不适合智能优化算法。对于智能优化算法，通常主要考察计算速度、达优率等实验性的指标。这些指标只是针对特定的优化问题而言的，同时依赖于算法的具体实现，很难据此来判定算法的优劣。

最后，智能优化算法的设计缺乏统一理论指导。智能优化算法回避了优化问题的特征，使得算法设计的难度大大地降低。但是，要设计出好的智能优化算法却并不容易。首先，对于一个具体的优化问题，要选择具体哪一种优化算法来解决。实际上，经过适当的变换，几乎每一种优化算法都可应用到各种的优化问题。因此，对于一个优化问题，总是可以任意选取一种智能优化算法来解决。但是问题是，究竟选取哪一种算法效果更好，对于这个问题，无论是在理论上还是在实际应用中，大都采取了回避的态度。究其原因，在于智能优化算法缺乏统一的评价标准。其次，是算子设计的问题。智能优化算法的算子形式相对固定，但是针对不同的优化问题，其算子则要采取不同的操作方式。那么怎样的算子才更好地符合其解空间的特征，从而更好地进行优化计算呢？这个问题在各类智能优化算法的设计研究中都有涉及，但是仍然缺乏统一的理论指导，只能靠实验来确定。另外，优化算子设计完成后，算法的运行参数设计也是个问题。怎样取得合理的参数，并且根据算法在运行过程中的信息进行参数调整，这些问题都鲜有好的结果。其原因就是智能优化算法缺乏统一理论，从而导致算法的设计也缺乏理论指导。智能优化算法的算法设计目前还停留在实验设计的层面,有上升到理论的必要。最后,智能优化算法存在着先验的假设。虽然智能优化算法放宽了优化问题的条件,但是在各个优化算法的背后,都隐藏着潜在的假设。例如遗传算法,一个优化问题是否适合用遗传算法来解决,其前提是优化问题的特征是否满足这个假设。如果不能满足这个假设,就会出现较大的误差问题。蚁群算法则要求解的组成分量存在与目标函数值相关的距离度量;粒子群算法隐含的命题是在目标函数值高的解附近找到优化解的可能性更高。那么,一个优化问题是否能够用上述的这些算法求解,必须要解决的一个问题就是,它是否确实具有这样的特性。由于这些特性是隐含的,难以进行明确地描述,所以,智能优化算法是否能用于解决一个优化问题,只能用实验的方法来验证。这个验证过程本身又取决于算法的实现细节以及一些关键参数的选择。

1.4 实际工程领域中优化问题常见的几种典型算法

由上面的论述可以看出,智能优化算法虽然符合未来发展,但智能优化算法在解决实际生产中的问题时仍然存在着诸多"瓶颈"。事实上,下面介绍的算法在时空复杂度等方面更具有优势。本书中探讨研究了几类典型算法在实际工程应用中的设计与实现问题,这些算法包括:马氏距离判别算法、TOPSIS预测算法、灰色预测模型、灰色关联算法、高斯—牛顿非线性算法、时间序列分析算法、主成分分析算法、遗传算法、分形算法和组合预测算法等。

1.4.1 马氏距离判别算法

马氏距离(Mahalanobis Distance)是由印度统计学家马哈拉诺比斯(P. C. Mahalanobis)提出的,表示数据的协方差距离。它是一种有效的计算两个未知样本集的相似度的方法。与欧氏距离不同的是,它考虑到各种特性之间的联系(例如,一条关于身高的信息会带来一条关于体重的信息,因为两者是有关联的)并且是与测量尺度无关的(Scale-Invariant),即独立于测量尺度。

马氏距离也可以定义为两个服从同一分布并且其协方差矩阵为 Σ 的随机变量之间的差异程度:如果协方差矩阵为单位矩阵,那么马氏距离就简化为欧氏距离,如果协方差矩阵为对角阵,则其也可被称为正规化的欧氏距离。

1.4.2 TOPSIS预测算法

TOPSIS(Technique for Order Preference by Similarity to an Ideal Solution)预测算法是 C. L. Hwang 和 K. Yoon 于 1981 年首次提出的,TOPSIS 算法是根据有限个评价对象与理想化目标的接近程度进行排序,并在现有的对象中进行相对优劣的评价的方法。TOP-SIS 算法是一种逼近于理想解的排序法,该方法只要求各效用函数具有单调递增(或递减)性就行。

TOPSIS 预测算法中的"理想解"和"负理想解"是 TOPSIS 算法的两个基本概念。所谓理想解是一设想的最优的解(方案),它的各个属性值都达到各备选方案中的最好的值;而负理想解是一设想的最劣的解(方案),它的各个属性值都达到各备选方案中的最坏的值。方案排序的规则是把各备选方案与理想解和负理想解做比较,若其中有一个方案最接近理想解,而同时又远离负理想解,则该方案是备选方案中最好的方案。

1.4.3　灰色预测算法

我们称某一系统的全部信息已知为白色系统,全部信息未知为黑色系统,部分信息已知,部分信息未知,那么这一系统就是灰色系统。一般地说,社会系统、经济系统、生态系统都是灰色系统。例如物价系统,导致物价上涨的因素很多,但已知的却不多,因此对物价这一灰色系统的预测可以用灰色预测方法。灰色系统理论认为,对既含有已知信息又含有未知或非确定信息的系统进行预测,就是对在一定方位内变化的、与时间有关的灰色过程的预测。尽管过程中所显示的现象是随机的、杂乱无章的,但毕竟是有序的、有界的,因此这一数据集合具备潜在的规律,灰色预测就是利用这种规律建立灰色模型对灰色系统进行预测。

灰色预测通过鉴别系统因素之间发展趋势的相异程度,进行关联分析,并对原始数据进行生成处理来寻找系统变动的规律,生成有较强规律性的数据序列,然后建立相应的微分方程模型,从而预测事物未来发展趋势。其用等时距观测到的反应预测对象特征的一系列数量值构造灰色预测模型,预测未来某一时刻的特征量,以及达到某一特征量的时间。

1.4.4　灰色关联算法

对于两个系统之间的因素,其随时间或不同对象而变化的关联性大小的量度,称为关联度。在系统发展过程中,若两个因素变化的趋势具有一致性,即同步变化程度较高,可谓两者关联程度较高;反之,则较低。因此,灰色关联分析方法,是根据因素之间发展趋势的相似或相异程度,亦即"灰色关联度",作为衡量因素间关联程度的一种方法。灰色系统理论提出了对各子系统进行灰色关联度分析的概念,意图透过一定的方法,去寻求系统中各子系统(或因素)之间的数值关系。因此,灰色关联度分析对于一个系统发展变化态势提供了量化的度量,非常适合动态历程分析。

1.4.5　高斯—牛顿非线性算法

高斯—牛顿非线性模型采用了高斯—牛顿迭代法,该迭代法的基本思想是,使用泰勒级数展开式去近似地代替非线性回归模型,然后通过多次迭代,多次修正回归系数,使回归系数不断逼近非线性回归模型的最佳回归系数,最后使原模型的残差平方和达到最小。该高斯—牛顿迭代法基于非线性最小二乘法原理,该迭代法具有收敛快、精确度高的优点,二次迭代有时可使精确度高达 99.97%,相关指数也明显提高。理论上可以证明高斯—牛顿迭代法经过数次迭代后,估计回归系数将逼近最佳的待定系数,使残差平方和达到最小,从而明显地克服了最小平方法的不足。其缺陷是计算量较大,但随着计算机技术的迅猛发展,计算量大的弊病得到了有效的解决。

1.4.6　时间序列分析算法

随机时间序列的模型识别、参数估计和诊断检验的建模方法是由美国著名统计学家博克斯(Box)和英国的詹金斯(Jenkins)于 1968 年提出的,并于 1970 年出版了《时间序列分析——预测与控制》一书,对时间序列的理论分析和应用做了系统的论述。这种时间序列建模方法被称为博克斯—詹金斯方法(Box-Jenkins Methods),简称 B-J 方法,其被广泛应用于经济、商业预测和经济分析。B-J方法是排列起来的统计数据,时间序列的基本特征是其数值依时间的变化而起伏交替。

时间序列是指按时间顺序排列的、随时间变化且相互关联的数据序列。分析时间序列的方法就构成了数据分析的一个重要领域,即时间序列分析。

时间序列根据所研究的依据不同,可有不同的分类。

(1) 按所研究的对象的多少,时间序列可分为一元时间序列和多元时间序列。

(2) 按时间的连续性,可将时间序列分为离散时间序列和连续时间序列两种。

(3) 按序列的统计特性分,时间序列可分为平稳时间序列和非平稳时间序列。如果一个时间序列的概率分布与时间 t 无关,则称该序列为严格的(狭义的)平稳时间序列。

时间序列预测技术就是通过对预测目标自身时间序列的处理,来研究其变化趋势的。

1.4.7　主成分分析算法

在用统计分析方法研究多变量的问题时,变量个数太多就会增加问题的复杂性。人们自然希望变量个数较少而得到较多的信息。在很多情形,变量之间是有一定的相关关系的,当两个变量之间有一定相关关系时,可以解释为这两个变量反映此课题的信息有一定的重叠。主成分分析是对于原先提出的所有变量,将重复的变量删去多余的,建立尽可能少的新变量,使得这些新变量是两两不相关的,而且这些新变量在反映课题的信息方面尽可能保持原有的信息。设法将原来的变量重新组合成几个新的相互无关的综合变量作为一组,同时根据实际需要从中取出的几个较少的综合变量可以尽可能多地反映原来变量的信息的统计方法称为主成分分析或称为主分量分析,也是数学上用来降维的一种方法。主成分分析作为基础的数学分析方法,其实际应用十分广泛,比如人口统计学、数量地理学、分子动力学模拟、数学建模、数理分析等学科中均有应用,是一种常用的多变量分析方法。

1.4.8　遗传算法

遗传算法(Genetic Algorithm)是一类借鉴生物界的进化规律(适者生存、优胜劣汰遗传机制)演化而来的随机化搜索方法。它是由美国的 J. Holland 教授于 1975 年首先提出,其主要特点是直接对结构对象进行操作,不存在求导和函数连续性的限定,具有内在的隐并行性和更好的全局寻优能力;采用概率化的寻优方法,能自动获取和指导优化的搜索空间,自适应地调整搜索方向,不需要确定的规则。遗传算法的这些性质,已被人们广泛地应用于组合优化、机器学习、信号处理、自适应控制和人工生命等领域。它是现代有关智能计算中的关键技术。

遗传算法是计算机科学人工智能领域中用于解决最优化的一种搜索启发式算法,是进化算法的一种。这种启发式通常用来生成有用的解决方案来优化和搜索问题。进化算法最初是借鉴了进化生物学中的一些现象而发展起来的,这些现象包括遗传、突变、自然选择以及杂交等。遗传算法在适应度函数选择不当的情况下有可能收敛于局部最优,而不能达到全局最优。具体来说,遗传算法具有以下几方面的特点。

(1) 遗传算法从问题解的串集开始搜索,而不是从单个解开始。这是遗传算法与传统优化算法的极大区别。传统优化算法是从单个初始值迭代求最优解的;容易误入局部最优解。遗传算法从串集开始搜索,覆盖面大,利于全局择优。

（2）遗传算法同时处理群体中的多个个体，即对搜索空间中的多个解进行评估，减少了陷入局部最优解的风险，同时算法本身易于实现并行化。

（3）遗传算法基本上不用搜索空间的知识或其他辅助信息，而仅用适应度函数值来评估个体，在此基础上进行遗传操作。适应度函数不仅不受连续可微的约束，而且其定义域可以任意设定。这一特点使遗传算法的应用范围大大扩展了。

（4）遗传算法不是采用确定性规则，而是采用概率变迁规则来指导搜索方向。

（5）具有自组织、自适应和自学习性。遗传算法利用进化过程获得的信息自行组织搜索时，适应度大，个体具有较高的生存概率，并获得更适应环境的基因结构。

（6）算法本身也可以采用动态自适应技术，在进化过程中自动调整算法控制参数和编码精度，比如使用模糊自适应法。

1.4.9 分形算法

分形插值是一种构造分形曲线的方法，是由 M. F. Barnsley 在迭代函数系统基础上提出来的。原理是对一组给定的插值点构造相应的 IFS，使 IFS 的吸引子为通过这组插值点的函数图。分形插值函数为拟合实验数据提供了新的手段。自欧几里得几何创立以来，人们就试图把几何体写成数学语言。随着基本初等函数如幂函数、指数函数、对数函数和三解函数等的陆续出现，传统数学基本解决了几何体的描述问题。但对大量存在的离散数据，这些基本初等函数又变得无可奈何。尽管有 Newton 插值、Lagrange 插值和 String 插值等方法面世，但都难以解决几何体的低阶全局光滑问题，直到 20 世纪 60 年代"样条函数插值"的提出与应用，一个用低次多项式解决全局光滑性的问题才算有了一个圆满的解决。可见几百年来，数学家对插值问题的解决是朝着越来越光滑的方向发展的。也就是说，大家熟知的传统插值方法，通常把实验数据点画在图纸上，然后用"直线段"连接各测量值，或用多项式插值和样条插值来拟合这组数据。不管用什么方法，它们都是强调光滑性，即当图形充分放大后局部看上去仍呈直线段，这用来描绘极不规则的曲线就很不理想。如同欧几里得几何中的圆、椭圆、双曲线一样，尽管迭代函数系统等数学语言可描述出分形几何的基本图形，如 Koch 曲线、Cantor 集、Sierpinski 三角形等，但对山脉、云彩、森林的轮廓等这些大自然几何体以及每分钟都在变化的股票市场是非常难以得到它们的数学语言表达式的。分形几何实际上是大自然几何，分形插值函数则利用大自然中呈现出来的许多现象都具有精细的自相似结构这个特性，来拟合波动性很强的曲线，现已证明这是一个十分有效的工具。

分形插值函数与初等函数一样也具有其本身的几何特征，它也能用"公式"来表示，能快速地被计算出来。它们之间的主要差别是分形插值函数的分形特征，如它有非整的维数，并且是针对集合而非针对点的。分形理论是非线性科学的三大理论前沿之一，迄今为止尚未出现比分形几何学描述自然形态更好的几何学，因此分形算法在众多领域应用广泛。

1.4.10 组合预测算法

组合预测是提高预测精度的最佳方法之一。组合预测中一个关键方法是权重系数的估计，最优加权模型中各方法的权重是依据某种准则构造的目标函数在约束条件下，极小化目标函数的权重系数。其中,目标函数多数依据误差克定,如绝对误差、相对误差、对数误差等,目标函数极小化的准则也有多种,如最小二乘法、极小极大法等。

组合预测方法是对同一个问题,采用两种以上不同预测方法的预测。它既可以是几种定量方法的组合,也可以是几种定性的方法的组合,但实践中更多的则是利用定性方法与定量方法的组合。组合的主要目的是综合利用各种方法所提供的信息,尽可能地提高预测精度。理论和实践研究都表明,在单项预测模型各异且数据来源不同的情况下,组合预测模型可能产生一个比任何一个独立预测值更好的预测值,组合预测模型能减少预测的系统误差,显著改进预测效果。

第2章 马氏距离判别算法应用研究

2.1 相关理论分析

在实际工程领域数据分析和挖掘中,为了评判两个个体间的差异,通常需要通过距离度量和相似度度量来对两个个体进行分析,然后按照标准进行评判。一般在计算相似度和距离之前,需要对数据进行归一化操作,以把数据归一到一定范围内,然后再利用距离度量和相似度度量的方法进行计算。

2.1.1 常见的距离算法与常见的相似度算法

1. 常见的距离算法

常见的距离算法有以下几种。

(1) 欧几里得距离(Euclidean Distance)以及欧式距离的标准化(Standardized Euclidean distance);

(2) 马哈拉诺比斯距离(Mahalanobis Distance);

(3) 曼哈顿距离(Manhattan Distance);

(4) 切比雪夫距离(Chebyshev Distance);

(5) 明可夫斯基距离(Minkowski Distance);

(6) 汉明距离(Hamming distance)。

2. 常见的相似度算法

常见的相似度算法有以下几种。

(1) 余弦相似度(Cosine Similarity)以及调整余弦相似度(Adjusted Cosine Similarity);

(2) 皮尔森相关系数(Pearson Correlation Coefficient);

(3) Jaccard 相似系数(Jaccard Coefficient);

(4) Tanimoto 系数(广义 Jaccard 相似系数);

(5) 对数似然相似度/对数似然相似率;

(6) 互信息/信息增益,相对熵/KL 散度;

(7) 信息检索—词频—逆文档频率(TF-IDF);

(8) 词对相似度—点间互信息。

2.1.2 距离算法与相似度算法的对比

限于篇幅,此处我们仅就距离算法和相似度算法中的欧几里得距离和余弦相似度展开对比。

（1）欧几里得距离（Euclidean Distance）

标准欧氏距离的思路。先将各个维度的数据进行标准化，即

$$标准化后的值 = \frac{标准化前的值-分量的均值}{分量的标准差}$$

然后计算欧式距离，其公式为

$$欧式距离 = \sqrt{\sum_{i=1}^{n}(x_i - y_i)^2}$$

欧式距离的标准化（Standardized Euclidean Distance）公式为

$$欧式距离的标准化 = \sqrt{\sum_{k=1}^{n}\left(\frac{x_{1k}-x_{2k}}{s_k}\right)^2}$$

（2）余弦相似度（Cosine Similarity）

两向量越相似，向量夹角越小，Cosine 绝对值越大；值为负，两向量负相关。其公式为

$$\cos\theta = \frac{\sum_{k=1}^{n}x_{1k}x_{2k}}{\sqrt{\sum_{k=1}^{n}x_{1k}{}^2}\sqrt{\sum_{k=1}^{n}x_{2k}{}^2}}$$

其不足之处在于，余弦相似度只能分辨个体在维度之间的差异，而没法衡量每个维数值的差异，例如，用户对内容的评分采用 5 分制，X 和 Y 两个用户对两个内容的评分分别为(1,2)和(4,5)，使用余弦相似度得出的结果是 0.98，两者极为相似，但从评分上看 X 似乎不喜欢这两个内容，而 Y 比较喜欢，余弦相似度对数值的不敏感导致了结果的误差，需要修正这种不合理性。

2.1.3　距离算法与相似度算法的区别

欧几里得的距离度量会受指标不同单位刻度的影响，所以一般需要先对度量进行标准化，同时距离越大，个体间差异就越大；空间向量余弦夹角的相似度度量不会受指标刻度的影响，余弦值落于区间[-1,1]，值越大，差异越小。当两用户评分趋势一致，但是评分值差距很大时，余弦相似度倾向于给出更优解。例如向量(3,3)和(5,5)，这两位用户的认知是一样的，但是欧式距离给出的解显然没有余弦值合理。两种算法相比较而言，余弦相似度衡量的是维度间相对层面的差异，而欧氏度量衡量的是数值上差异的绝对值。一种长度与方向的度量所造成的不同，余弦相似度只在[0,1]之间，而马氏距离在 0~∞之间。

2.2　马氏距离及判别法

1. 马氏距离的定义

马氏距离（Mahalanobis Distance）是由印度统计学家马哈拉诺比斯（P. C. Mahalanobis）提出的，表示数据的协方差距离。它是一种有效的计算两个未知样本集的相似度的方法。与欧氏距离不同的是它考虑到各种特性之间的联系，并且是与尺度无关的（scale-invariant），即独立于测量尺度。

马氏距离也可以定义为两个服从同一分布并且其协方差矩阵为 Σ 的随机变量与的差异程度：如果协方差矩阵为单位矩阵，那么马氏距离就简化为欧氏距离，如果协方差矩阵为对角阵，则其也可称为正规化的欧氏距离。其中 σ_i 是 x_i 的标准差。与欧氏距离相比，我们熟悉的欧氏距离虽然很有用，但也有明显的缺点。它将样品的不同属性（即各指标或各变量）之间的差别等同看待，这一点有时不能满足实际要求。因此，有时需要采用不同的距离函数。

根据马氏距离的定义，可以得到它的如下几个特点。

（1）两点之间的马氏距离与原始数据的测量单位无关，标准化数据和中心化数据（即原始数据与均值之差）计算出的两点之间的马氏距离相同。

（2）可以排除变量之间的相关性的干扰。

（3）满足距离的四个基本公理：非负性、自反性、对称性和三角不等式。

2. 有关马氏距离计算过程中应注意的几个问题

（1）马氏距离的计算是建立在总体样本的基础上的，这一点从上述协方差矩阵的解释中可以得出。也就是说，如果将同样的两个样本放入两个不同的总体中，最后计算得出的两个样本间的马氏距离通常是不相同的，除非这两个总体的协方差矩阵碰巧相同。

（2）在计算马氏距离过程中，要求总体样本数大于样本的维数，否则得到的总体样本协方差矩阵逆矩阵不存在，这种情况下，用欧氏距离计算即可。

（3）还有一种情况，虽然满足了总体样本数大于样本的维数的条件，但是协方差矩阵的逆矩阵仍然不存在，比如(3,4),(5,6)和(7,8)三个样本点，因为它们在所处的二维空间平面内共线所以也须采用欧氏距离计算。

（4）在实际应用中"总体样本数大于样本的维数"这个条件是很容易满足的，而所有样本点出现（3）中所描述的情况是很少出现的，所以在绝大多数情况下，马氏距离是可以顺利计算的，但是马氏距离的计算是不稳定的，不稳定的来源是协方差矩阵，这也是马氏距离与欧氏距离的最大差异之处。

3. 马氏距离及判别法的优缺点

马氏距离的优点是它不受量纲的影响，两点之间的马氏距离与原始数据的测量单位无关；由标准化数据和中心化数据（即原始数据与均值之差）计算出的两点之间的马氏距离相同；马氏距离还可以排除变量之间的相关性的干扰。该算法也存在着缺点，如夸大了变化微小的变量的作用等。

2.3　基于马氏距离判别法的企业资信评估研究

在市场经济环境下，资信评估是投资者的重要参考依据。科学准确的资信评估对辅助决策、降低投资者风险有着重要的作用。针对基于传统统计学的企业资信评估方法的不足，为了高效、可靠、准确地进行企业资信评估，下面的应用案例提出基于距离判别法的企业资信评估方法，并用实例展示通过 MATLAB 软件及其相应工具对其进行计算判别。结果表明，基于距离判别法企业资信评估方案，可快捷、准确、有效地评价企业是否处于破产状态，为企业资信评估提供可靠的依据。

1. 引言

随着我国经济的高速发展,作为市场经济重要组成部分的金融市场的发展速度得以不断加快,逐渐与世界经济接轨,我国经济形态也更趋向于信用经济。资信评估作为市场经济中的监督力量,在很大程度上可降低信息不对称性,能够为评价企业的资信水平提供重要参考依据。科学准确的资信评估可以辅助决策、降低投资风险。因此,提高企业资信评估的准确性和科学性极其重要[1]。企业资信评估是以独立经营的企业或经济主体为对象,根据企业及经济主体的生产、经营、管理前景及当前的企业经济效益状况,给出企业的资信评级,本质上是属于综合评价中的分类问题。经济社会活动中判断一个企业是否守信用牵涉到多个数据指标,如资产负债率、现金流量、流动资产、销售利润率、存贷比、利息偿还率等,如何从这些数据中判定企业的信用、财务状况,从而确定地标记出企业的资信等级是一个较为复杂的问题[2]。资信评估通常采用基于统计学的分析方法,包括线性回归分析法、多元判别分析法等[3]。然而传统的统计学评估方法有较大的局限性,存在着诸如权重确定缺乏理论依据、带有明显主观臆断且运算量大等缺点,已经渐渐地无法满足实际应用的需要。近年来随着科学技术的飞速发展,尤其是计算机技术的突飞猛进,基于计算机处理的距离判别法、贝叶斯判别、FISHER判别等方法在综合评价中的分类问题有了较大的突破和广泛的应用。本书尝试将基于MATLAB实现的距离判别法应用于企业资信评估,并给出了实例来验证该方法在企业资信评估中财务状况方面评价的可靠性。

2. 马氏距离判别法原理

马氏距离判别分析方法是一种有效的多元数据分析方法,它能从各训练样本中提取各总体的信息,并科学地判断所得到的样品属于什么类型。马氏距离分析判别法已在很多领域得到广泛应用。

3. 马氏距离

设 G 为 n 维总体,它的分布的均值向量和协方差矩阵分别为

$$U = (u_1 \ u_2 \cdots u_n)^T \quad V = \begin{pmatrix} a_{11} & a_{12} & \cdots & a_{1n} \\ a_{21} & a_{22} & \cdots & a_{2n} \\ \vdots & \vdots & & \vdots \\ a_{n1} & a_{n2} & \cdots & a_{nm} \end{pmatrix}$$

设 $x = (x_1, x_2, \cdots, x_n)^T$, $y = (y_1. y_2, \cdots y_n)^T$ 为取自总体 G 的两个样品,假定 $V > 0$(V 为正定矩阵),定义 x, y 间的平方马氏距离为

$$d^2(x, y) = (x - y)^T V^{-1}(x - y)$$

定义 x 到总体 G 的平方马氏距离为

$$d^2(x, G) = (x - U)^T V^{-1}(x - U)$$

4. 马氏距离判别法

其可分为两个总体与多个总体判别,而多个总体判别可归结为两个总体判别,即多个总体判别可视为两个总体判别的推广。以下介绍两个总体距离判别原理。

设有两个 n 维总体 G_1 和 G_2,分布的均值向量分别是 U_1, U_2,协方差矩阵分别 $V_1 > 0$,

$\mathbf{V}_2 > 0$，从两个总体中分别抽取容量为 n_1, n_2 的两个样本，记为 $(x_{11}, x_{12}, \cdots, x_{1n1})$ 和 $(x_{21}, x_{22}, \cdots, x_{2n2})$。现有一未知类别的样品，记为 x。可用以下的判别规则进行判断：

(1) 若 $\mathrm{d}^2(x, G_1) < \mathrm{d}^2(x, G_2)$，则 $x \in G_1$；

(2) 若 $\mathrm{d}^2(x, G_1) > \mathrm{d}^2(x, G_2)$，则 $x \in G_2$；

(3) 若 $\mathrm{d}^2(x, G_1) = \mathrm{d}^2(x, G_2)$，则待判。

5. 基于 MATLAB 的距离判别法的实现

MATLAB 统计工具箱中提供了 classify 函数，用来对未知类别的样品进行距离判别和先验分布为正态分布的贝叶斯判别。其调用格式如下：

$$\mathrm{class} = \mathrm{classify(sample, training, group, type)}$$

其中，sample 是待判别的样本数据矩阵；training 是用于构造判别函数的训练样本数据矩阵。它们的每一行对应一个观测值，每一列对应一个变量，sample 和 training 具有相同的列数，该函数将 sample 中的每一个观测值归入 training 中观测值所在的某个分组。group 是与 training 相应的分组变量，并具有相同的行数，group 中的每一个元素指定了参数 group 是与 training 中相应观测值所在的组。group 可以是一个分类变量、数值向量、字符串数值或者是字符串元胞数组。输出参数 class 是一个行向量，用来指定 sample 中各个观测值所在的组，class 和 group 具有相同的数据类型。参数 type 的取值决定了 classify 函数支持的判别类型，其中有五种可选参数，即 linear, diaglinear, quadratic, diagquadratic, mahalanobis，当 type 参数取前四种值时，该函数可用来作贝叶斯判别，当取值为 mahalanobis 时，该函数用作距离判别，并且所计算的先验概率用来计算误判概率。

6. 基于距离判别法的企业资信中财务状况评估模型构建

(1) 企业资信评估指标选取

企业资信评估通过分析企业的独立经营资产实力、偿债能力和信用风险程度等，来确定该企业的信用等级，使管理者掌握企业经营状况，帮助金融机构决策者对企业进行评价和选择。资信评估包括资产评估和信用评估两个方面。

本文选择以下四项评价指标来对企业的财务状况进行评价。

$$X_1 = \frac{现金流量}{总债务}$$

$$X_2 = \frac{净收入}{总资产}$$

$$X_3 = \frac{流动资产}{流动债务}$$

$$X_4 = \frac{流动资产}{净销售额}$$

表 2-1 所示的是相关企业年度财务数据，以 Excel 电子表格名为 example. xls 保存。其中收集了 21 个破产的企业（表 2-1 所示中组别为 1 的企业）在破产前两年的年度财务数据，同时对 25 个财务状况良好的企业（表 2-1 所示中组别为 2 的企业）也收集同一时期的财务数据进行距离判别，找出未判别的四家企业的财务状况的情况，判别是否处于破产状态。

表 2-1　相关企业年度财务数据

编号	组别	X_1	X_2	X_3	X_4	编号	组别	X_1	X_2	X_3	X_4
1	1	−0.45	−0.41	1.09	0.45	26	2	0.32	0.07	4.24	0.63
2	1	−0.56	−0.31	1.51	0.16	27	2	0.31	0.05	4.45	0.69
3	1	0.06	0.02	1.01	0.40	28	2	0.12	0.05	2.52	0.69
4	1	−0.07	−0.09	1.45	0.26	29	2	−0.02	0.02	2.05	0.35
5	1	−0.10	−0.09	1.56	0.67	30	2	0.22	0.08	2.35	0.40
6	1	−0.14	−0.07	0.71	0.28	31	2	0.17	0.07	1.80	0.52
7	1	0.04	0.01	1.50	0.71	32	2	0.15	0.05	2.17	0.55
8	1	−0.07	−0.06	1.37	0.40	33	2	−0.10	−0.01	2.50	0.58
9	1	0.07	−0.01	1.37	0.34	34	2	0.14	−0.03	0.46	0.26
10	1	−0.14	−0.14	1.42	0.43	35	2	0.14	0.07	2.61	0.52
11	1	−0.23	−0.30	0.33	0.18	36	2	0.15	0.06	2.23	0.56
12	1	0.07	0.02	1.31	0.25	37	2	0.16	0.05	2.31	0.20
13	1	0.01	0.00	2.15	0.70	38	2	0.29	0.06	1.84	0.38
14	1	−0.28	−0.23	1.19	0.66	39	2	0.54	0.11	2.33	0.48
15	1	0.15	0.05	1.88	0.27	40	2	−0.33	−0.09	3.01	0.47
16	1	0.37	0.11	1.99	0.38	41	2	0.48	0.09	1.24	0.18
17	1	−0.08	−0.08	1.51	0.42	42	2	0.56	0.11	4.29	0.44
18	1	0.05	0.03	1.68	0.95	43	2	0.20	0.08	1.99	0.30
19	1	0.01	0.00	1.26	0.60	44	2	0.47	0.14	2.92	0.45
20	1	0.12	0.11	1.14	0.17	45	2	0.17	0.04	2.45	0.14
21	1	−0.28	−0.27	1.27	0.51	46	2	0.58	0.04	5.06	0.13
22	2	0.51	0.10	2.49	0.54	47	未知	−0.16	−0.10	1.45	0.51
23	2	0.08	0.02	2.01	0.53	48	未知	0.41	0.12	2.01	0.39
24	2	0.38	0.11	3.27	0.35	49	未知	0.13	−0.09	1.26	0.34
25	2	0.19	0.05	2.25	0.33	50	未知	0.37	0.08	3.65	0.43

（2）基于 MATLAB 的距离判别过程

① 读取数据。读取文件 example.xls 的第一个工作表中 C2：F51 范围的数据，即全部样本数据，包括了未判企业数据：

>>sample＝xlsread('example.xls',' ','C2：F51')；

读取文件 example.xls 的第一个工作表中 C2：F47 范围的数据，即已知组别的样本数据：

>>training＝xlsread('example.xls',' ','C2：F47')；

读取文件 example. xls 的第一个工作表中 B2：B47 范围的数据，即样本的分组信息数据：

>>group＝xlsread('example. xls',' ','B2：B47')；

列出企业编号：

>>obs＝[1:50]；

② 进行马氏距离判别，返回判别结果向量 C 和误判概率 err：

>>[C,err]＝classify(sample, training, group,'mahalanobis')；

>>[obs,C]％查看马氏判别结果

得出判别结果如表 2-2 所示。

表 2-2　马氏距离判断结果

企业编号	1	2	3	4	5	6	7	8	9	10
判断结果	1	1	1	1	1	1	1	1	1	1
企业编号	11	12	13	14	15	16	17	18	19	20
判断结果	1	1	1	1	2	2	1	1	1	1
企业编号	21	22	23	24	25	26	27	28	29	30
判断结果	1	2	2	2	2	2	2	2	2	2
企业编号	31	32	33	34	35	36	37	38	39	40
判断结果	2	2	2	1	2	2	2	2	2	2
企业编号	41	42	43	44	45	46	47	48	49	50
判断结果	2	2	2	2	2	2	1	2	1	2

从以上结果中可以看出，共有 3 个观测值发生了误判，即是第 15、16 和 34 号，其中第 15 和第 16 号由第 1 组（财务良好）误判为第 2 组（破产企业），而第 34 号观测值原本属于第 2 组却误判为第 1 组，用 $P(j|i)$ 来表示原本属于第 i 组的样品被误判为第 j 组的概率，则误判概率的估计值分别是：

$$P(2|1)＝2/21＝0.095 \quad P(1|2)＝1/25＝0.04$$

假设两组的先验概率均为 0.5，则 classify 函数的误判概率是

$$err＝0.5\ P(2|1)＋0.5\ P(1|2)＝0.067\ 6$$

可见该马氏距离判别的结果是可以令人接受的和基本合理的。表 2-2 所示中的第 47～第 50 号企业是未判企业的观测值，即未知组别的样品。由以上结果可知，第 47 号和第 49 号企业的观测值判归第 1 组，从而判定它们是破产企业，第 48 号和第 50 号企业的观测值被判归为第 2 组，它们为非破产的财务状况良好的企业。

7. 结语

本节提出将基于马氏距离判别算法用于企业资信评估，该方法具有以下优点。

（1）与资信评估常用的统计学方法不同，该方法无须事先建立数学模型，只需将从各训练样本中提取各总体的信息，并科学地判断所得到的样品属于什么类型，得出结果，评价过程方便、快捷。

（2）不需要人为确定权重，从而避免由于评价过程中的主观因素所导致的结果失真。

（3）使用基于距离判别算法，即便出现误差，也可通过假设的先验概率计算误判概率，得出较为客观的结论，其评价结果比传统的统计学方法更为客观、有效。

2.4　基于主成分分析法和马氏距离判别法的故障诊断研究

设备故障诊断因其有能够保障生产、防止事故、节约费用等特点，在现代化大生产中发挥着重要的作用。首先在回顾故障诊断已有技术的基础上，提出了基于主成分分析和马氏距离判别法的故障诊断方法，该方法主要思路是鉴于实测数据所涉及变量较多，且变量间反映系统状况的信息有所重叠，采用主成分分析法进行降维，为后续使用马氏距离判别法奠定基础，克服了用马氏距离判别法时常出现的诸如有关矩阵非正定而无法实施的问题。该方法具有故障诊断快速高效，不失为一种可行的故障诊断方法。

1. 引言

随着科学技术的发展，更多和更复杂的机械设备的出现，使得新的故障诊断的理论和技术方法不断涌现。其中具有代表性的故障识别诊断方法有统计识别法、函数识别法、逻辑识别法、模糊识别法、灰色识别法和神经网络识别法等。

故障诊断是一个利用观察到的故障征兆来准确定位故障原因或失效原因的过程。从大的方面来说，其有征兆提取和实现诊断两个连续过程；从具体过程而言，故障诊断过程包括信号的测量获取、特征提取、建立标准特征库及比较识别四个步骤。

从其发展历程来看，故障诊断技术的发展，大致可分为四个阶段[4-6]。

第一阶段是在 19 世纪，由于当时的机械设备本身的技术水平和复杂程度都很低，因此采用事后维修的方式来对机械设备进行故障诊断。

第二阶段是在 20 世纪初到 20 世纪 50 年代，这个阶段的机械设备故障诊断技术处于孕育时期。随着工业化大生产的发展，机械设备复杂程度有所提高，机械设备故障或事故对生产的影响显著增加，在这种情况下，出现了定期维修的方式。

第三阶段是 20 世纪 60～70 年代，随着现代科学技术的发展，尤其是计算技术、数据处理技术等的广泛应用，出现了更科学更有效的按设备状态进行维修的方式。

第四阶段是在 20 世纪 80 年代以后，人工智能技术和专家系统、神经网络等开始发展，并在实际工程中应用，使机械设备诊断技术达到了智能化的程度。虽然，这一阶段发展历史并不长，但已有研究成果表明，设备故障的智能诊断技术具有十分广阔的应用前景。

从故障诊断技术层面来看，随着科学技术的发展，非线性科学已逐渐被应用到设备的故障诊断技术之中，如分形理论、小波分析、神经网络等理论已被国内外学者和专家应用到了这一领域中。其中，分形理论对揭示事物的本质特征具有独特性和有效性，非常适用于研究具有非线性特征的事物；小波分析方法是目前发展最为迅速的一种时频分析方法，将小波分析应用于故障诊断有着十分重要的意义。但这些方法在实际的应用中还存在着值得进一步研究的问题。如神经网络理论应用在设备故障诊断中时，网络易于收敛于局部极小点，若初始参数与网络结构选取得不当，网络将出现发散现象等缺陷[7-8]。近年来，随着现代工业的发展，对具有大功率、大容量、高速度、高效率和复杂化等方面的大型系统的需求量不断增加。如何快速高效地维护好这些系统,确保企业生产过程的可靠性和安全性,使设备发挥最佳作用,已成为现代企业管理追求的重要目标之一。因此,研究科学高效的故障诊断技术对于现代企业具有重要的意义。

2. 主成分分析和马氏距离判别法介绍[9-10]

主成分分析概述如下。

主成分分析是把原来多个变量转化为少数几个综合指标的一种统计分析方法。从数学角度来看,这是一种处理高维数据的降维处理方法和技术。在实际问题的研究中,问题本身往往会涉及众多有关的变量。变量太多不但会增加计算的复杂性,而且也会给合理地分析问题和解释问题带来困难。一般说来,虽然每个变量都提供了一定的信息,但其在问题中所占据的重要性有所不同,在很多情况下,变量间有一定的相关性,从而使得这些变量所提供的信息在一定程度上有所重叠。因而人们希望对这些变量加以改造和重构,用为数较少的新变量来反映原变量所提供的绝大部分信息,通过对新变量的分析达到解决问题的目的,这就是主成分分析的主要思想。下面扼要地介绍一下主成分分析法的主要过程。

(1)对原始样本指标数据进行标准化变换,得到样本标准化的矩阵。

(2)对上述求得的标准化矩阵求相关系数矩阵。

$$\boldsymbol{R} = \begin{bmatrix} r_{11} & r_{12} & \cdots & r_{1p} \\ r_{21} & r_{22} & \cdots & r_{2p} \\ \vdots & \vdots & & \vdots \\ r_{p1} & r_{p2} & \cdots & r_{pp} \end{bmatrix}$$

(3)计算特征值与特征向量。

首先,用雅可比法(Jacobi)求出特征方程$|\lambda \boldsymbol{I} - \boldsymbol{R}| = 0$的特征值$\lambda_i (i = 1, 2, \cdots, p)$,并使其按大小顺序排列,即$\lambda_1 \geqslant \lambda_2 \geqslant \cdots \geqslant \lambda_p \geqslant 0$;然后分别求出对应于特征值$\lambda_i$的特征向量$e_i (i = 1, 2, \cdots, p)$。

(4)计算主成分贡献率及累计贡献率。一般取累计贡献率达$85\% \sim 95\%$的特征值λ_1,$\lambda_2, \cdots, \lambda_m$所对应的第一、第二、$\cdots$、第$m(m \leqslant p)$个主成分。

3. 基于主成分分析和距离判别法的故障诊断步骤

设备故障诊断通常包含测量获取、特征提取、建立标准特征库及比较识别四个步骤。时频分析是近年来涌现出的新的信号分析方法,可以有效地应用于非平稳信号的分析,克服和弥补了传统的傅里叶分析方法仅适用于分析平稳信号的不足。具有代表性的时频分析是小波分析,小波分析以其良好的时频局部化特性,成为了时频分析中发展较快也较有潜力的一种信号分析方法。本文主要研究的是在已获取有关信号的前提下给出基于主成分分析和距离判别法的故障诊断步骤,即给出的是上述设备故障判别四个步骤中的比较识别环节的方法和思路。具体步骤如下。

(1)根据时频分析等方法得到的数据建立标准特征库,其中包含设备正常状态下和非正常状态下即存在故障状态下的有关特征数据,并将它们分别标记为0和1。

(2)利用主成分分析法对所得到的标准特征库数据矩阵进行降维,其目的是防止在马氏距离判别法应用中出现有关判别矩阵非正定等问题而使得判别出现错误而无法进行。通过得到各个成分的贡献率来确定主成分因素。按主成分分析法原理,其过程包括:①对原始数据矩阵进行标准化;②计算相关系数矩阵;③计算特征值与特征向量;④计算主成分贡献率、累计贡献率和主成分载荷,从而得到起决定因素的有关变量,为下面的马氏距离判断法奠定基础。⑤利用马氏距离判别法,对待判别的状态进行判别,计算待判别状态的对应的值是 0 还是 1,从而得到待判别的设备是正常的还是有故障的。为了增加所得到结果的可信度,可以通过先验概率计算相应的误判概率等来对判别结果进行验证。在具体进行计算时我们可以借助 MATLAB 统计工具箱中提供的 classify 函数,用来对未知类别的待判样本进行判别,其调用格式如前所述,此处不再赘述。

4. 实证分析

以某类型的汽车发动机的汽缸故障诊断为例,根据汽缸振动信号的时频分析结果对汽车发动机汽缸故障进行诊断,此处把汽车发动机汽缸振动的相关幅值作为发动机运行状态的特征参数对其进行运行状态正常与否的状态分析依据。具体测得的数据如表 2-3 所示;各参数贡献率如表 2-4 所示;马氏距离判别结果如表 2-5 所示。

表 2-3　汽车发动机汽缸对应振动频率的相应幅值

编号	类型	对应不同频率的相应幅值							
1	1	0.68	0.6	2.38	1.21	1.19	1.14	0.78	0.54
2	0	0.32	0.45	0.61	0.59	0.77	1.5	1.49	0.81
3	0	0.93	0.61	0.877	0.63	1.43	2.59	1.16	0.64
4	0	0.35	0.61	0.89	0.91	2.15	4.19	1.62	0.74
5	1	0.57	0.44	0.54	0.95	1.28	3.01	1.44	1.22
6	0	0.32	0.36	0.63	0.93	3.12	2.37	0.92	0.52
7	1	0.75	0.6	0.68	1.17	1.173	0.91	0.52	0.26
8	0	0.6	0.38	0.58	0.30	0.01	3.1	0.02	0.41
9	0	0.81	1.08	0.68	0.45	2.21	1.79	1.03	0.32
10	1	0.67	1.35	0.93	1.07	2.18	3.31	1.63	0.97
11	1	0.45	0.5	0.55	1.6	2.67	1.9	1.16	1
12	1	0.94	0.7	0.8	0.93	2.59	1.94	1.05	1.06
13	0	0.36	0.53	0.73	0.82	3.16	0.87	0.9	0.59
14	0	0.41	0.50	0.72	1.70	2.10	1.08	1.2	0.55
15	待判别	0.44	0.42	0.8	0.82	1.19	1.458	1.02	0.98
16	待判别	0.42	1.02	1.73	0.68	3.55	3.05	1.82	1.73

表 2-4　各参数贡献率

参数	参数 1	参数 2	参数 3	参数 4	参数 5	参数 6	参数 7	参数 8
各参数贡献率	0.331 5	0.189 6	0.170 2	0.108 1	0.083 2	0.058 6	0.049 9	0.009

表 2-5　马氏距离判别结果

样本号	1	2	3	4	5	6	7	8
状态	1	0	0	0	1	0	1	0
马氏判断	1	0	0	0	1	0	1	0

样本号	9	10	11	12	13	14	15	16
状态	0	1	1	1	0	0	待判别	待判别
马氏判断	0	1	1	1	0	0	0	1

（1）对表 2-3 所示中测得的幅值数据矩阵做主成分分析，为了提高运算效率，可借助 MATLAB 在科学计算方面的强大的功能进行相应的编程计算，得出各成分的贡献率，如表 2-4 所示。由表 2-4 可以看出，参数 1～参数 5 累加贡献率超过 85%，因此该例中前五个参数为主成分，即前五个参数可视为起到主要作用的变量，反映了系统的绝大部分信息。

（2）依据上述主成分分析得到的降维结果，利用马氏距离判别法对表 2-3 中所示的第三列至第七列进行判别，在具体实施马氏距离判别时，可直接调用前面介绍的 MATLAB 中 classify 方法来计算得到两个待判状态的马氏距离判别法的值，即以表 2-3 中所示第二行第三列至第十七行第七列的数据作为 sample 样本数据矩阵；以表 2-3 中所示第二行第三列至第十五行第七列的数据作为训练样本数据矩阵 training；表 2-3 中所示的第二行第二列到第十五行第二列的数据作为 group，距离判断类型为 mahalanobis，在 MATLAB 环境中可得到如表 2-5 所示的各个状态的马氏距离判别值。从表 2-5 中所示可以看出在 16 个样本中，作为判断依据的标准样本存在故障与否的值与用马氏距离判别法得到的状态值是相同的，而对于待判别的第 15、16 号样本，其值分别为 0 和 1，即第 15 号样本运行是正常的，而第 16 号样本存在故障，该结果与实际情况是相符合的。

可见给出的基于主成分分析和马氏距离判别法的结果是较为理想的。但任何方法都不是万能的，本文所给出的方法也是如此。注意，本实证案例有一定的偶然性，即正好马氏距离判断误判率为零，但在实际应用中由于数据测量误差等随机因素，可能会导致马氏距离判断在局部个体上出现误判，若发生此种情况，我们可以借助先验概率加权求和的方法来得到最后的误判概率，只要误判概率足够小，误差在合理的范围，我们即可认为该判断方法是可行的。即本文给出的方法在某些个体上可能会出现误判现象，但仍不失为一种快速高效可行的故障诊断方法。

5. 结语

在大型系统或复杂系统中，故障原因与故障征兆种类众多，且对应关系复杂，本文给出的基于主成分分析和马氏距离判别的故障诊断方法，通过对实测数据降维得到主成分因素变量，进而采用马氏距离判别法得出待判状态所属类型。该方法具有以下优点。

（1）主成分分析法的使用达到了对实测样本数据矩阵降维的目的，还为在马氏距离判别法的实施中避免了出现有关矩阵非正定等问题，为马氏距离判别法的运用奠定了基础。

（2）该方法无须事先建立数学模型，只需将从各训练样本中提取各总体的信息，科学地判断得到的样本属于什么类型而得出结果，评价过程方便、快捷。

（3）不需要人为确定权重，从而避免由于评价过程中的主观因素所导致的结果失真。

（4）使用基于马氏距离判别算法，即便出现误差，也可通过先验概率计算误判概率，得出较为客观的结论，其评价结果比传统的统计学方法更为客观、有效。

（5）该方法无须大量计算，推理简单，快捷方便。

总之，本文给出的基于主成分分析和马氏距离判别法的故障诊断法具有较强的实用价值，不失为一种科学高效的故障诊断方法。

本章参考文献

[1] 刘重才,周洲,梅强.LVQ 神经网络在企业资信评估中的应用[J].苏州:集团经济研究, 2007(10):50-51.

[2] 李翀,夏鹏.后验概率支持向量机在企业信用评级中的应用[J].北京:计算机仿真, 2008,25(5):256-258.

[3] 翟绪军,尚杰.基于多元线性回归的城乡居民收入差距实证研究[J].太原:生产力研究, 2011(6):37-39.

[4] 吴泉源,刘江宁.人工智能与专家系统[M].北京:国防科技大学出版社,1995.

[5] 吴今培,肖健华.智能故障诊断与专家系统[M].北京:科学出版社,1997.

[6] 张来斌,王朝晖,张喜廷,等.机械设备故障诊断技术及方法[M].北京:石油工业出版社,2000.

[7] 徐玉秀,原培新,等.复杂机械故障诊断的分形与小波方法[M].北京:机械工业出版社,2003.

[8] 杨国安.机械设备故障诊断实用技术[M].北京:中国石化出版社,2007.

[9] 张洪波,何怡刚,等.主成分分析法与概率神经网络在模拟电路故障诊断中的应用[J].北京:计算机测量与控制,2008,16(12):1789-1791,1827.

[10] 王荣辉,宗若雯,等.主成分分析法和 Fisher 判别方法在汽油分类分析过程中的应用[J].北京:中国科学技术大学学报,2006,36(12):1331-1335.

第3章 TOPSIS 算法应用研究

3.1 TOPSIS 算法及相关理论分析

3.1.1 TOPSIS 算法概述

TOPSIS 是"逼近于理想值的排序方法"的英文缩写（Technique for Order Preference by Similarity to Ideal Solution），该算法是学者 Hwang 和 Yoon 于 1981 年提出的，它是一种适用于依据多项指标、对多个可选方案进行比较进而从中选优的分析方法。TOPSIS 算法的核心思想可归纳如下。

第一，对数据进行归一化处理，消除不同指标量纲的影响。

第二，确定各项指标的正理想值和负理想值。其中正理想解是设想的最好值（或方案），其各个属性值都能达到各候选方案中最好的值，负理想解是设想中的最坏值（或方案）。

第三，求出各个方案与理想值、负理想值之间的加权欧氏距离，将它们作为评判标准。

第四，根据得出各方案与最优方案的接近程度，评价多个可选方案的优劣。通常采用贴近度来度量接近评价目标的最优化程度，贴近度取值在 0～1 之间，该值越接近 1，表示相应的评价目标越接近最优水平；反之，该值越接近 0，表示评价目标越接近最劣水平。

TOPSIS 算法属有限方案多目标决策的综合评价方法之一，其优点在于对原始数据进行同趋势和归一化的处理后，消除了不同指标量纲的影响，并能充分利用原始数据的信息，因此具有客观真实地反映各方案之间的差距和实际情况的目的，有较好的真实性、直观性和可靠性等优点。同时，TOPSIS 算法对样本数据无特殊要求，因此，在实际工程中应用较为广泛。作为一种多项指标的综合分析法，该法与单项指标分析法相比较而言，能实现集中反映总体情况和综合分析评价的目的，具有较好的科学性、普适性和高效性。该方法已经在土地利用规划、物料选择评估、项目投资、医疗卫生等众多工程领域得到成功的应用，明显提高了多目标决策分析的科学性、准确性和可操作性。本章重点讨论及研究的是 TOPSIS 算法在企业物流预测中的应用。

TOPSIS 法中"理想解"和"负理想解"是 TOPSIS 算法的两个基本概念。所谓理想解是一设想的最优的解（方案），它的各个属性值都达到各备选方案中的最好的值；而负理想解是一设想的最劣的解（方案），它的各个属性值都达到各备选方案中的最坏的值。方案排序的规则是把各备选方案与理想解和负理想解做比较，若其中有一个方案最接近理想解，而同时又远离负理想解，则该方案是备选方案中最好的方案。

3.1.2　TOPSIS 算法的一般实施步骤

（1）设有 m 个有限目标，每个目标有 n 个属性，组织专家对其中第 i 个目标的第 j 个属性的评估值为 x_{ij}，则得到初始判断矩阵 V 为

$$
V = \begin{bmatrix}
x_{11} & x_{12} & \cdots & x_{1n} \\
x_{21} & x_{22} & \cdots & x_{2n} \\
\vdots & \vdots & & \vdots \\
x_{i1} & x_{i2} & \cdots & x_{in} \\
\vdots & \vdots & & \vdots \\
x_{m1} & x_{m2} & \cdots & x_{mn}
\end{bmatrix}
$$

（2）对各个指标的无量纲化，即对判断矩阵进行归一化处理：

$$
V' = \begin{bmatrix}
x'_{11} & x'_{12} & \cdots & x'_{1n} \\
x'_{21} & x'_{22} & \cdots & x'_{2n} \\
\vdots & \vdots & & \vdots \\
x'_{i1} & x'_{i2} & \cdots & x'_{in} \\
\vdots & \vdots & & \vdots \\
x'_{m1} & x'_{m2} & \cdots & x'_{mn}
\end{bmatrix}
$$

这里

$$
x'_{ij} = \frac{x_{ij}}{\sqrt{\sum_{k=1}^{n} x_{ij}^2}}, i=1,2,\cdots,m; j=1,2,\cdots,n。
$$

（3）根据德尔菲法获取专家组对各个属性的信息权重矩阵 B，构建和生成加权判断矩阵为

$$
Z = V'B = \begin{bmatrix}
x'_{11} & x'_{12} & \cdots & x'_{1n} \\
x'_{21} & x'_{22} & \cdots & x'_{2n} \\
\vdots & \vdots & & \vdots \\
x'_{i1} & \cdots & x'_{ij} & \cdots \\
\vdots & \vdots & & \vdots \\
x'_{m1} & x'_{m2} & \cdots & x'_{mn}
\end{bmatrix}
\begin{bmatrix}
\omega_1 & 0 & \cdots & 0 \\
0 & \omega_2 & \cdots & 0 \\
\vdots & \vdots & & \vdots \\
0 & \cdots & \omega_j & \cdots \\
\vdots & \vdots & & \vdots \\
0 & 0 & \cdots & \omega_n
\end{bmatrix}
$$

$$
= \begin{bmatrix}
f_{11} & f_{12} & \cdots & f_{1n} \\
f_{21} & f_{22} & \cdots & f_{2n} \\
\vdots & \vdots & & \vdots \\
f_{i1} & \cdots & f_{ij} & \cdots \\
\cdots & \cdots & & \cdots \\
f_{m1} & f_{m2} & \cdots & f_{mn}
\end{bmatrix}
$$

德尔菲法也称专家调查法，它采用通信方式分别将所需解决的问题单独发送到各个专家手中，征询意见，然后回收汇总全部专家的意见，并整理出综合意见。随后将该综合意见和预测问题再分别反馈给专家，再次征询意见，各专家依据综合意见修改自己原有的意见，然后再汇总。这样多次反复，逐步取得比较一致的预测结果的决策方法。

（4）根据上述得到的加权判断矩阵，可以获取评估目标的正负理想解。

正理想解为

$$f_j^* = \begin{cases} \max(f_{ij}), j \in J^* \\ \min(f_{ij}), j \in J' \end{cases} \quad j = 1, 2, \cdots, n$$

负理想解为

$$f_j' = \begin{cases} \min(f_{ij}), j \in J^* \\ \max(f_{ij}), j \in J' \end{cases} \quad j = 1, 2, \cdots, n$$

式中，J^* 为效益型指标；J' 为成本型指标。

（5）计算和确定各目标值与理想值之间的欧氏距离为

$$S_i^* = \sqrt{\sum_{j=1}^m (f_{ij} - f_j^*)^2}, j = 1, 2, \cdots, n$$

$$S_i' = \sqrt{\sum_{j=1}^m (f_{ij} - f_j')^2}, j = 1, 2, \cdots, n$$

（6）依据公式

$$C_i^* = S_i'/(S_i^* + S_i'), i = 1, 2, \cdots, m \tag{3-1}$$

得到各个目标的相对贴近度。

（7）依据式（3-1）得到的各个目标的相对贴近度值的大小对目标进行排序，最终形成决策。

3.1.3　TOPSIS 算法的缺点与改进

1. TOPSIS 算法的缺点

从上述 TOPSIS 算法的解决决策问题的步骤可以看出，虽然 TOPSIS 算法在多目标决策的综合评价具有明显的优势，但其也存在运算量大、有关权重的确定有时流于主观性等弊病，具体体现在以下几个方面。

（1）在对判断矩阵进行归一化处理时，由于矩阵的每一项元素的值计算量较大且复杂，所以求解正理想解和负理想解较为困难。

（2）信息权重矩阵 $\boldsymbol{B}$ 中权重 $\omega_j (j = 1, 2, \cdots, n)$ 的值是事先确定的，这些值通常是主观值，难以避免随意性。

（3）当方案集合 Z 中有两个方案 z_i，z_j 关于 f^* 和 f' 的连线对称时，将会导致无法比较 z_i，z_j 的优劣。其中信息权重矩阵 $\boldsymbol{B}$ 中权重 ω_j 的值的确定是关系到整个 TOPSIS 算法得到的决策方案是否科学有效的关键问题。下面基于上述讨论给出一个改进的 TOPIPS 算法。

2. 改进的 TOPSIS 算法

（1）对初始矩阵进行规范化，将其统一为效益型指标，得到标准化矩阵 $\boldsymbol{R} = (r_{ij})_{m \times n}$。对于效益型指标：

$$r_{ij} = \begin{cases} (x_{ij} - x_{j\min})/(x_{j\max} - x_{j\min}) & x_{j\max} \neq x_{j\min} \\ 1 & x_{j\max} = x_{j\min} \end{cases} \tag{3-2}$$

对于成本型指标：

$$r_{ij} = \begin{cases} (x_{j\max} - x_{ij})/(x_{j\max} - x_{j\min}) & x_{j\max} \neq x_{j\min} \\ 1 & x_{j\max} = x_{j\min} \end{cases} \tag{3-3}$$

（2）确定标准化矩阵的理想解：

$$r_j^* = \begin{cases} \max_{1 \leqslant i \leqslant m} r_{ij}, j \in J^+ \\ \min_{1 \leqslant i \leqslant m} r_{ij}, j \in J^- \end{cases} \quad j = 1, 2, \cdots, n \tag{3-4}$$

式中，J^+ 为效益型指标集；J^- 为成本型指标集；r_j^* 表示第 j 个指标的理想值。

（3）指标权重的确定。设有指标 $G_1, G_2, \cdots, G_n$，对应的权重分别为 $\omega_1, \omega_2, \cdots, \omega_n$，各方案正理想解和负理想解的加权距离平方和为

$$f_i(\omega) = f_i(\omega_1, \omega_2, \cdots, \omega_n) = \sum_{j=1}^n \omega_j^2 (1 - r_{ij})^2 + \sum_{j=1}^n \omega_j^2 r_{ij}^2 \tag{3-5}$$

在距离意义下，$f_i(\omega)$ 越小越好，由此建立的多目标规划模型为

$$\min f(\omega) = f_1(\omega), f_2(\omega), \cdots, f_m(\omega)$$

式中，$\sum_{j=1}^n \omega_j = 1, \omega_j \geqslant 0, j = 1, 2, \cdots, n$。

（4）得出各方案优劣排序。根据上式可求出各种方案 $f_i(\omega)$ 的值，然后按其由大到小进行排序，从而得优劣顺序。

3.1.4 德尔菲法（Delphi）概述

1. 德尔菲法的来源

德尔菲法是在 20 世纪 40 年代由赫尔姆和达尔克首创，经过戈尔登和兰德公司进一步发展而成的。德尔菲这一名称来源于古希腊有关太阳神阿波罗的神话。传说中阿波罗具有预见未来的能力。因此，这种预测方法被命名为德尔菲法。1946 年，兰德公司首次用这种方法进行预测，后来该方法被迅速广泛采用。德尔菲法最初产生于科技领域，后来逐渐被应用于任何领域的预测，如军事预测、人口预测、医疗保健预测、经营和需求预测、教育预测等。此外，还用来进行评价、决策、管理沟通和规划工作。德尔菲法依据系统的程序，采用匿名发表意见的方式，即专家之间不得互相讨论，不发生横向联系，只能与调查人员有联系，通过多轮次调查专家对问卷所提问题的看法，经过反复征询、归纳、修改，最后汇总成专家基本一致的看法，作为预测的结果。这种方法具有广泛的代表性，较为可靠。

2. 德尔菲法的典型特征

（1）资源利用的充分性。由于利用德尔菲法，吸收了不同的专家的意见与预测，充分利用了专家的经验和学识。

（2）最终结论的可靠性。由于采用匿名或背靠背的方式，能使每一位专家独立地做出自己的判断，不会受到其他繁杂因素的影响。

（3）最终结论的统一性。预测过程必须经过几轮的反馈，使专家意见逐渐趋同。

正是由于德尔菲法具有以上这些特点，因此它在诸多判断预测或决策手段中脱颖而出。这种方法的优点主要是简便易行，具有一定的科学性和实用性，可以避免在会议讨论时由于权威的影响而随声附和，或固执己见，或因顾虑情面不愿与他人意见冲突等弊病；同时也可以使大家发表的意见较快收敛，参加者也易接受结论，具有一定程度综合意见的客观性。

3. 德尔菲法的具体实施步骤

德尔菲法的具体实施步骤如下。

（1）组成专家小组。按照课题所需要的知识范围,确定专家。专家人数的多少,可根据预测课题的大小和涉及面的宽窄而定,一般不超过 20 人。

（2）向所有专家提出所要预测的问题及有关要求,并附上有关这个问题的所有背景材料,同时请专家提出还需要什么材料。然后,由专家做出书面答复。

（3）各个专家根据他们所收到的材料,提出自己的预测意见,并说明自己是怎样利用这些材料提出预测值的。

（4）将各位专家第一次判断意见汇总,列成图表,进行对比,再分发给各位专家,让专家比较自己同他人的不同意见,修改自己的意见和判断。也可以把各位专家的意见加以整理,或请身份更高的其他专家加以评论,然后把这些意见再分送给各位专家,以便他们参考后修改自己的意见。

（5）将所有专家的修改意见收集起来,汇总,再次分发给各位专家,以便做第二次修改。逐轮收集意见并为专家反馈信息是德尔菲法的主要环节。收集意见和信息反馈一般要经过三四轮。在向专家进行反馈的时候,只给出各种意见,但并不说明发表各种意见的专家的具体姓名。这一过程重复进行,直到每一个专家不再改变自己的意见为止。

（6）在上面五个步骤的基础上对专家的意见进行综合处理。

4. 德尔菲法实施的注意事项

由于专家组成成员之间存在身份和地位上的差别以及其他社会原因,有可能其中一些人因不愿批评或否定其他人的观点而放弃自己的合理主张。要防止这类问题的出现,必须避免专家们面对面的集体讨论,而是由专家单独提出意见。对专家的挑选应基于其对企业内外部情况的了解程度。专家可以是第一线的管理人员,也可以是企业高层管理人员和外请专家。例如,在估计未来企业对劳动力需求时,企业可以挑选人事、计划、市场、生产及销售部门的经理作为专家。

具体到操作层面应注意以下几个方面。

（1）为专家提供充分的信息,使其有足够的依据做出判断。例如在企业决策方面可为专家提供所收集的有关企业人员安排及经营趋势的历史资料和统计分析结果等。

（2）所提的问题应是专家较为熟悉且能够回答的问题。

（3）专家可以粗略地估计数字,不要求精确。但可以要求专家说明预计数字的准确程度。

（4）尽可能将过程简化,避免问与预测无关的问题。

（5）保证所有专家能够从同一角度去理解相关分类和其他有关定义内涵。

（6）向专家讲明德尔菲法预测的意义,以争取专家们最大的支持。

5. 德尔菲法的优缺点

德尔菲法同常见的召集专家开会、通过集体讨论、得出一致预测意见的专家会议法既有联系又有区别。德尔菲法能发挥专家法的优点:第一,能充分发挥各位专家的作用,集思广益,准确性高;第二,能把各位专家意见的分歧点表达出来,取各家之长,避各家之短。同时,德尔菲法又能避免专家会议法过程比较复杂,花费时间较长的缺点。主要体现在以下几个方面。

第一,权威人士的意见影响他人的意见;

第二,有些专家碍于情面,不愿意发表与其他人不同的意见;

第三,出于自尊心而不愿意修改自己原来不全面的意见。

3.2 基于 MATLAB 和 TOPSIS 算法的企业物流招标评估方法研究

1. 企业物流招标评估方法选取的背景及意义分析

物流招标是指企业为了使自己的产品在存储、运输、配送等环节得到更优质的服务,在其希望的范围内面向物流企业招商的一种手段。物流招标也通常被称为物流外包[1],即企业将其物流业务以合同的方式委托给专业的物流服务商运作,以达到集中资源、节省管理费用,增强核心竞争能力等目的。

企业物流招标外包是社会化大分工进一步发展的必然结果。企业将物流招标外包给第三方物流公司,就能将企业相对有限的资源与管理能力集中精力专注于其整个供应链最优势的制造、销售、研发等环节,有利于构建企业自身的核心竞争能力。企业将物流招标外包给第三方物流,相对于自营物流模式,企业可以降低管理成本,提高管理效率;第三方物流服务商专业的物流管理方式与手段,也能大大提高物流效率,实现企业效益的最大化[2]。企业采用物流招标外包物流后,可以大大节省对物流设施与设备的投资,从而避免季节性波动,防止业务淡季时的物流设施和设备的利用率低,管理成本相对较高的弊病。采用物流外包模式,专业的物流服务商及其成熟的服务网络有助于企业的物流体系快速扩张。专业的物流服务商利用其完备的设施和训练有素的员工对整个供应链实现完全的控制,帮助顾客改进服务,树立自己的品牌形象。同时招标企业也可以借助于第三方物流企业的品牌形象,提升自己的企业形象。

随着我国国民经济的高速发展,物流业成为了社会经济发展的支柱产业。我国企业对物流外包这一新兴管理手段有了进一步的认识,并积极地开始尝试,取得了一定的成效。但是我们也应该看到,当前符合我国企业特点的相关的物流理论指导体系还没有建立和成熟起来,特别是在企业物流招标外包评价方法和体系的研究方面还处于起步阶段,较多企业由于传统企业文化和理念的束缚对这一问题认识和重视程度不足,很多企业由于找不到可供参考的科学高效的评估方法而无所适从。如果企业物流招标外包没有进行科学的全方位综合评估,势必会对企业经营带来风险,甚至造成不可避免的损失。对企业物流招标外包科学准确的评估是决定物流外包成败的重要环节,也是企业可持续发展的关键因素之一。因此,企业物流招标评估方法研究有着十分重要的理论和实践意义。

通过分析企业物流招标对企业发展的重要意义及介绍 TOPSIS 算法的基本思路的基础上,研究了基于 MATLAB 的 TOPSIS 算法在物流招标评估方法的实现步骤,并对具体算例进行了实证分析,对企业物流招标评估实践有一定的参考意义。

2. 基于 MATLAB 的 TOPSIS 算法的企业物流招标评估方法设计

TOPSIS 的计算步骤通常有以下几个步骤。

(1)构建决策矩阵;

(2)无量纲化决策矩阵;

(3)与指标权重相结合,构建加权决策矩阵;

（4）计算正理想解和负理想解；

（5）计算各单元与正理想解的贴近度；

（6）方案优劣排序。

由上述步骤可以发现，TOPSIS计算是一种流程式的计算过程，可较好用MATLAB来编制程序来实现。TOPSIS的MATLAB程序设计思路：先将原始数据输入Excel文件中，然后从Excel文件中读取各个参评对象中的指标值、指标指示值和指标权重值。其中，指标值为待评价方案的原始数值；指标指示值表示所讨论的指标是越大越优型的指标还是越小越优型指标，越大越优型指标的指示值等于1，越小越优型指标的指示值等于0；指标权重值是指标相对于评价目标的相当重要程度，需经过归一化处理。可通过诸如AHP法、DELPHI法、熵权法等方法事先获得。读入原始数值后，MATLAB依照TOPSIS的计算步骤逐步运算，其间自动读取根据指标值判断属于越大越优型指标还是越小越优型指标，从而选择相应的算法对决策矩阵进行无量纲化并计算正、负理想解，最后得到各方案与正理想解的贴近度，为方案优劣排序奠定基础和提供依据。

3. 基于MATLAB的TOPSIS算法在企业物流招标评估方法选取的实现

假设某企业在物流招标中，需要对参加竞标的物流服务商所提出的方案进行评估，现有四家物流服务商参加投标，对应这四家投标物流服务商的方案，分别将其记为方案一（M_1）、方案二（M_2）、方案三（M_3）和方案四（M_4）。每套方案的评估标准均包括6项内容：A_1（目标指标）、A_2（经济成本）、A_3（实施可行性）、A_4（技术可行性）、A_5（人力资源成本）、A_6（抗风险能力），四个方案作为四个目标，六个评价标准作为六个属性。其中，A_2和A_5是成本型指标；其他为效益型指标。表3-1所示的是专家组依据上述六个评价指标给出的去模糊化之后的评价结果集，并且假设每个属性在评估结果中所占的比重（W）根据德尔菲法获得。各指标的权重分别为

$$W = (0.190\ 5, 0.154\ 8, 0.154\ 8, 0.190\ 5, 0.154\ 8, 0.154\ 8)。$$

表 3-1　专家组依据评价指标给出的去模糊化之后的评价值结果集

目标	属性					
	A_1	A_2	A_3	A_4	A_5	A_6
M_1	8.1	255	12.6	13.2	76	5.4
M_2	6.7	210	13.2	10.7	102	7.2
M_3	6.0	233	15.3	9.5	63	3.1
M_4	4.5	202	15.2	13	120	2.6

依据上述基于MATLAB的TOPSIS算法编制的程序，对该算例处理如下。

（1）将表3-1所示的四个物流服务商的指标值、指标指示值和指标权重值分别输入到Excel电子表格中，并以PGDATA. XLS为名保存在MATLAB当前目录下，输入的数据格式如图3-1所示。

（2）将编制好的程序输入MATLAB中，并保存在当前目录WORK下，假设这里以TOPSIS. M为名进行保存。

图 3-1 参评物流服务商方案数据 Excel 文件 PGDATA. XLS 截图

（3）在 MATLAB 命令窗口的提示符下直接输入 TOPSIS，然后按 Enter 键，进入 MATLAB 与 Excel 表间的交互阶段。为了增强友好的人机交互性，以 disp（'请在原始数据表中选择评价指标的指示值'）语句对后续的工作做提示，这样可使不具备计算机知识的人也可应用该算法解决此类问题，程序后面的语句 disp（'请在原始数据表中选择各指标的权重值'）也是基于同样的考虑添加的。

（4）读取指示值、待评估指标值和指标权重值。注意，在指示值中，通常用"1"表示越大越优型指标，而用"0"表示越小越优型指标。当程序执行到数据输入语句并在命令窗口中提示"请在原始数据表中选择评估指标指示值"时，选中图 3-1 中所示"指示值"后的一行数据。

（5）单击弹出的数据并选择对话框中的"OK"按钮。随后，MATLAB 在命令窗口中提示"请在原始数据表中选择各评估方案的指标值"，依据弹出的提示，选中图 3-1 中所示从 B4～G7 单元格的数据区域，单击数据并选择对话框中的"OK"按钮，MATLAB 在命令窗口中提示"请在原始数据表中选择各指标的权重值"，与前相仿，选中图 3-1 所示的 B9～G9 的单元格数据，即可输入权重值。

（6）随着按照事先编制好的基于 MATLAB 的 TOPSIS 程序的继续执行，最后在 MATLAB 的命令窗口中显示计算和调用结果得出的贴近度为

$$Td=0.614\,7 \quad 0.495\,6 \quad 0.388\,8 \quad 0.491\,3$$

按上述 TOPSIS 算法计算得出的贴近度，依据其从大到小的顺序对参评方案进行排序可知，$M_1>M_2>M_4>M_3$，即四个物流服务商提供的方案中 M_1 方案最优。M_2 方案其次，M_4 方案再次，最后是方案 M_3。根据贴近度的排序结果还可以看出：技术可行性占整个方案的比重最大，对整个评估结果的影响也最大，经济成本则次之。这与实际情况是相吻合的，即技术最先进，且人力资源成本低，较强的抗风险能力是最好的方案。

4. 小结及进一步改善算法的着力点

本文在分析我国企业物流招标和评估方法研究的重要性的基础上，针对在当前企业物流招标中科学有效的数据分析技术使用不足等的问题，探讨了 TOPSIS 算法在企业物流招标评估决策中的应用，并通过具体的物流服务商招标实例，分析了基于 MATLAB 的 TOPSIS 算法在企业物流指标中的实现思路与应用过程，对企业在物流外包中物流服务商的选择有一定的借鉴价值和意义。

虽然该算法不失为一种有效的多指标综合评价方法，但在具体应用中还存在着需要进一步解决的问题，具体体现在以下几个方面。

（1）对判断矩阵进行归一化处理时矩阵的每一项元素的值计算量较大，比较复杂，求解正理想解和负理想解较为困难。

（2）信息权重矩阵 B 中权重 ω_j（$j=1,2,\cdots,n$）的值需事先确定，这些值通常是主观值，难以避免随意性。

（3）当方案集合 Z 中的 z_i 和 z_j 两个方案关于 f^* 和 f' 的连线对称时，将会导致无法比较 z_i 和 z_j 的优劣。其中信息权重矩阵 B 中权重 ω_j 的值的确定是关系到整个 TOPSIS 算法得到的决策方案是否科学有效的关键问题。又例如，此算法在应用中由于需增加新方案，所以容易产生逆序问题等，这些都是需要进行更加具体深入的分析研究和进一步改善的。

5. 基于改进的 TOPSIS 算法的政府采购工程招标实证分析

现以建筑工程招投标政府采购为例，假设现有数家建筑工程单位参加投标，按标书有关要求看，通过资格筛选后，有四家单位达到条件标准和资质。参与最后的竞标，该四家建筑工程施工单位具体竞标资料如表 3-2 所示。

表 3-2　四家单位竞标资料

指标 建筑单位	x_1	x_2	x_3	x_4	x_5	x_6
1	4 950	37	75	1 950	80	80
2	4 900	35	80	1 900	80	75
3	5 100	37	80	2 100	75	80
4	5 050	35	75	2 050	75	75

注：x_1 为投标标价（单位：万元）；x_2 为承诺的完成工程工期（单位：月）；x_3 为优良工程率（%）；x_4 为主材用量（单位：万元）；x_5 为施工经验率（%）；x_6 为合同完成率（%）。

（1）依据表 3-2 所示各项指标，在评标中通常以优良工程率、施工经验率、合同完成率是作为效益指标处理，其他各项作为成本型指标处理。这些指标构成决策矩阵为

$$X=(x_{ij})_{4\times6}\quad(i=1,2,3,4;j=1,2,\cdots,6)$$

按改进的 TOPSIS 算法的步骤，首先由式（3-2）和式（3-3）对 x_{ij} 进行标准化处理，得标准化矩阵 $Y=(y_{ij})_{4\times6}$。计算结果如表 3-3 所示。

表 3-3　x_{ij} 经标准化处理后得标准化矩阵 Y

y_{ij}	y_1	y_2	y_3	y_4	y_5	y_6
1	0.75	0	0	0.75	1	1
2	1	1	1	1	1	0
3	0	0	1	0	0	1
4	0.25	1	0	0.25	0	0

（2）根据标准化后得到的矩阵 Y，再结合本文给出求权重的方法，即可求得各指标的权重分别为

$$W_j = (0.190\ 5, 0.154\ 8, 0.154\ 8, 0.190\ 5, 0.154\ 8, 0.154\ 8)^{\mathrm{T}}.$$

（3）计算 $f(\omega_i)$ 的值并排序，由式（3-5）得：

$$f(\omega_i) = (0.052\ 5, 0.024, 0.120\ 6, 0.112\ 8)$$

$f(\omega_2) < f(\omega_1) < f(\omega_4) < f(\omega_3)$，因此，建筑单位优劣排序为

建筑单位 2 ＞建筑单位 1 ＞建筑单位 4 ＞建筑单位 3

表示建筑单位 2 是最合适的施工单位，应当中标。

上述过程表明，将 TOPSIS 算法进行适当的改进并应用于工程评标是合理有效的，且在技术操作上显得更简便、易行。

6. 结语

本案例在分析我国政府采购现状和问题的基础上，针对在政府采购工作中科学有效的数据分析技术使用不足等的问题，探讨了 TOPSIS 算法在政府采购决策中的应用，并通过政府采购工程招标的实例，分析了 TOPSIS 算法在政府采购决策中的应用过程和思路。虽然该算法不失为一种有效的多指标综合评价方法，但在具体应用中还存在着需要进一步解决的问题，例如此算法在应用中由于新增加方案而容易产生逆序问题等，这些都需要进行更加具体深入地分析、研究。

本章参考文献

[1] 冯文权. 经济预测与决策技术[M]. 武汉：武汉大学出版社，2003.

[2] 岳超源. 决策理论与方法[M]. 北京：科学出版社，2004.

[3] 杨玉中，张强. 基于熵权的 TOPSIS 供应商选择方法[J]. 北京：北京理工大学学报，2006(1).

[4] 程鹏，柳键. 改进的 TOPSIS 法在供应商选择中的应用研究[J]. 北京：科技和产业，2006(4).

[5] 陈红梅. 基于粗糙集的 TOPSIS 供应链合作伙伴选择[J]. 武汉：统计与决策，2011(22).

[6] 刘芳. 熵权法在评价企业竞争能力中的应用[J]. 太原：生产力研究. 2004(12).

第4章　灰色预测算法应用研究

4.1　灰色系统理论与分析

世界上的许多实际问题内部的结构、参数以及特征迄今并未被人类全部洞悉和掌握。对这类部分信息已知而有些信息未知的系统，通常称为灰色系统。本章从灰色系统有关概念和理论分析出发，研究在信息欠缺或缺乏规律性的情况下，如何将灰色理论应用于工程领域实际问题，并对其进行分析和解决。

在客观世界的发展过程中，许多事物看似毫无相关性，但事实上，事物与事物之间，因素与因素之间是相互制约、相互联系的，从而构成一个整体，这个整体通常被称为系统。例如，人们现已建立了诸如工程技术系统、社会系统、经济系统等。所谓白色系统，从信息的完备性与模型的构建上看，具有信息量充足、发展变化规律清晰、定量描述方便，结构与参数较具体等特征，实际中的工程技术等系统常常如此；而另一类系统诸如社会系统、农业系统、生态系统等，人们无法建立客观的物理原型，其相关机理也不明确，内部因素难以识别或相互之间的关联较为隐秘，人们很难准确了解这类系统的行为特征，因此对其定量描述难度较大，导致建立相应的数学模型相对困难。这种内部特性部分已知、部分未知的系统称为灰色系统。相对于上述的白色系统和灰色系统，另一类系统的内部特性全部未知的系统通常被称为黑色系统。而要区别白色系统与灰色系统的重要标志是系统内各因素之间是否具有确定的关系。例如，运动学中物体运动速度、加速度与其所受到的外力有关，其关系可用牛顿定律用明确的定量函数关系表述，因此，物体运动系统是一个白色系统。当然，白色、灰色、黑色是相对于一定认识层次而言的，因而具有相对性。

灰色系统在客观世界中是大量存在的，绝对的白色系统或绝对的黑色系统较为少见。随着人类认识的进步及对客观世界的要求的升级，人们对社会、经济等问题的研究往往已不满足于定性分析。尽管当代科学技术发展日新月异，知识呈现几何级数增长，但人们对自然界的认识仍流于肤浅。例如，生产粮食作物既是一个农业生产实际中的问题，又可被视为一个抽象的灰色系统。粮食的生产往往受到肥料、种子、农药、气象、土壤、劳力、水利、耕作及政策等因素的影响，究竟哪些因素起到决定性的作用难以确定，这些因素与粮食产量的定量关系的确定更是难以做到的。通常只能在一定的假设条件下，例如根据一些实践经验和常识等，按照某种逻辑推理演绎而得到其数学模型，但这样得出的模型只能看作是人们在认识上对实际问题的一种"反映"或"逼近"，仍需在生产实践中加以检验。

涉及社会、经济、农业、生态等系统常常都存在着不可忽视的随机干扰，人们形象地称为"噪声"，即在实际问题的研究中经常会受到"噪声"干扰。而被随机干扰侵蚀的系统一般要通过统计规律、概率分布对事物的发展进行分析和预测。常用的系统分析量化方法，大都是基于数理统计法,如回归分析、方差分析、主成分分析等。其中,回归分析是应用最广泛的一种办法,回归分析通常要求大样本及大数据量,只有通过大量的数据才能得到量化的规律,这对很多无法得到或一时缺乏数据的实际问题的解决带来困难。另外,回归分析还要求样本有较好的分布规律,而很多实际情形并非如此,难以满足样本有较规律的分布要求。因此,有了大量的数据也不一定能得到统计规律,甚至即使得到了统计规律,也并非任何情况都可以加以分析。另外回归分析常常不能分析因素间动态的关联程度,异常现象时有发生。

为了解决和应对上述实际问题中的诸多不确定性,灰色系统理论应运而生。灰色系统理论主要任务是根据具体问题灰色系统的行为特征数据,充分开发利用不多的数据中的显信息和隐信息,寻找因素间或因素本身的数学表述。通常采用的方法是利用计算机便于处理的离散模型的优势,建立一个按时间,能够作逐段分析的数学模型,但这种离散模型只能对客观系统的发展做短期分析,在做较长远的分析、规划和预测时往往有着一定的局限性。

灰色系统理论认为,尽管某些系统的信息不够充分,但作为系统必然是有特定功能和有一定的规律可循,只是其内在规律并未充分外露。有些随机量、无规则的干扰成分以及杂乱无章的数据列,从灰色系统的观点看,并不认为是不可捉摸的。相反地,灰色系统理论将随机量看作是在一定范围内变化的灰色量,按适当的办法将原始数据进行处理,将灰色数变换为生成数,依据生成数进而得到规律性较强的生成函数。灰色系统理论的量化基础是生成数,从而突破了概率统计的局限性,使其结果不再是过去依据大量数据得到的经验性的统计规律,而是现实性的生成律,这种使灰色系统变得尽量清晰明了的过程被称为白化。目前,灰色系统理论已成功地应用于工程控制、经济管理、生态系统及复杂多变的农业系统中,并取得了可喜的成就。当前灰色系统理论已广泛应用于社会、经济等抽象系统的分析、建模、预测、决策和控制,成为了人们认识客观系统,改造客观世界的一个新型的理论工具。

4.2 灰色系统 GM 模型

灰色系统理论是基于关联空间、光滑离散函数等概念定义灰导数与灰微分方程,进而用离散数列建立微分方程形式的动态模型,且其模型是近似的、非唯一的,这种模型被称为灰色模型,通常记作 GM(Grey Model),即灰色模型是利用离散随机数经过数学变换生成为随机性被显著削弱而且较有规律的生成数,进而建立起的微分方程形式的模型,其中,具有代表性的有 GM(1,1)模型、GM(1,N)模型等。

1. GM(1,1)的定义

设 $x^{(0)}$ 为 n 个元素的数列 $x^{(0)} = (x^{(0)}(1), x^{(0)}(2), \cdots, x^{(0)}(n))$,$x^{(0)}$ 的 AGO 生成数列为 $x^{(1)} = (x^{(1)}(1), x^{(1)}(2), \cdots, x^{(1)}(n))$,其中 $x^{(1)}(k) = \sum_{k=1}^{n} x^{(0)}(k), k = 1, 2, \cdots, n$。则定义 $x^{(1)}$ 的灰导数为

$$\mathrm{d}x^{(1)}(k) = x^{(0)}(k) = x^{(1)}(k) \quad x^{(1)}(k-1)$$

令 $z^{(1)}$ 为数列 $x^{(1)}$ 的紧邻均值数列,即

$$z^{(1)} = 0.5x^{(1)}(k) + 0.5x^{(1)}(k-1), k = 2, 3 \cdots, n$$

则 $z^{(1)} = (z^{(1)}(2), z^{(1)}(3), \cdots, z^{(1)}(n))$。于是定义 GM(1,1)的灰微分方程模型为

$$\mathrm{d}x^{(1)}(k) + az^{(1)}(k) = b$$

即
$$x^{(0)}(k) + az^{(1)}(k) = b$$

式中，$x^{(0)}(k)$ 称为灰导数，a 称为发展系数，$z^{(1)}(k)$ 称为白化背景值，b 称为灰作用量。

将 $k = 2, 3, \cdots, n$ 代入上式中有

$$x^{(0)}(2) + az^{(1)}(2) = b$$
$$x^{(0)}(3) + az^{(1)}(3) = b$$
$$\vdots$$
$$x^{(0)}(n) + z^{(1)}(n) = b$$

令 $\boldsymbol{Y} = (x^{(0)}(2), x^{(0)}(3), \cdots, x^{(0)}(n))^{\mathrm{T}}$，$\boldsymbol{u} = (a, b)^{\mathrm{T}}$，$\boldsymbol{B} = \begin{bmatrix} -z^{(1)}(2) & 1 \\ -z^{(1)}(3) & 1 \end{bmatrix}$，称 $\boldsymbol{Y}$ 为

数据向量，$\boldsymbol{B}$ 为数据矩阵，$\boldsymbol{u}$ 为参数向量，则 GM(1,1)模型可以表示为矩阵方程 $\boldsymbol{Y} = \boldsymbol{Bu}$。
由最小二乘法可以求得

$$\hat{\boldsymbol{u}} = (\hat{a}, b)^{\mathrm{T}} = (\boldsymbol{B}^{\mathrm{T}}\boldsymbol{B}) - 1\boldsymbol{B}^{\mathrm{T}}\boldsymbol{Y}$$

2. GM(1,1)的白化型

GM(1,1)的白化型微分方程如下。

$$\frac{\mathrm{d}x^{(1)}}{\mathrm{d}t} + ax^{(1)} = b$$

这里的 GM(1,1)的白化型并不是由 GM(1,1)的灰微分方程直接推导出来的，它仅仅是一种"借用"或"白化默认"。GM(1,1)的白化型是一个真正的微分方程，如果白化型模型精度高，则表明所用数列建立的模型 GM(1,1)与真实的微分方程模型吻合较好。

3. GM(1,N)模型

GM(1,1)即表示模型是 1 阶方程，且只含 1 个变量的灰色模型，而 GM(1,N)即表示模型是 1 阶方程，包含有 N 个变量的灰色模型。设系统有 N 个行为因子，即原始数列为

$$x_i^{(0)} = (x_i^{(0)}(1), x_i^{(0)}(2), \cdots, x_i^{(0)}(n)), i = 1, 2, \cdots, n$$

记 $x_i^{(1)}$ 为 $x_i^{(0)}$ 的 AGO 数列。

GM(1,N)的灰微分方程为

$$x_i^{(0)}(k) + az_1^{(1)}(k) = \sum_{i=2}^{N} b_i x_i^{(1)}(k)$$

式中，$x_1^{(0)}(k)$、$x_1^{(1)}(k)$ 为灰导数，$z_1^{(1)}(k)$ 为背景值，$a, b_i (i = 1, 2, \cdots, n)$ 为参数。

4.3　灰色预测

灰色预测是指利用 GM 模型对系统行为特征的发展变化规律进行估计预测，同时也可以对行为特征的异常情况发生的时刻进行估计计算，以及对在特定时区内发生事件的未来时间分布情况做出预测等等。这些工作实质上是将"随机过程"当作"灰色过程"，"随机变量"当作"灰变量"，并主要以灰色系统理论中的 GM 模型来进行处理。灰色预测在工业、农业、商业等经济领域，以及环境、社会和军事等领域中都有广泛的应用，特别是对数据量较为有限的系统进行发展趋势预测分析有着较大的优势。

4.3.1　灰色预测的方法

设已知参考数据列为 $x^{(0)} = (x^{(0)}(1), x^{(0)}(2), \cdots, x^{(0)}(n))$，做 1 次累加（AGO）生成数列

$$x^{(1)} = (x^{(1)}(1), x^{(1)}(2), \cdots, x^{(1)}(n))$$

式中，$x^{(1)}(k) = \sum_{i=1}^{k} x^{(0)}(i)$，$(k = 1, 2, \cdots, n)$，求均值数列，进而得到相应的白化微分方程，再依据最小二乘法求解方程即可。

4.3.2　灰色预测的步骤

（1）数据的检验与处理。首先，为了保证建模方法的可行性，需要对已知数据列做必要的检验处理。

（2）建立模型。依照上面分析的方法建立模型 GM(1,1)，即可以得到预测值。

（3）检验预测值。通常采用级比偏差值检验。

（4）预测。依据模型 GM(1,1) 所得到的预测值，根据实际问题的需要，给出相应的预测结果。

4.4　基于灰色理论的 A 级汽车销量影响因素分析与预测研究

本研究探讨影响汽车销售量的主要因素和预测汽车销售量的数学模型，无论是对于整体掌控汽车市场的发育与成长态势的政策制定者，还是对于研究市场行情以制定营销策略的汽车厂商而言，都具有十分重要意义。为了找出 A 级汽车销量的影响因素和对其销量进行预测，以选车网提供的深受广大消费者欢迎，受众广、性价比高的 12 种紧凑型 A 级汽车有关数据为例，利用灰色系统有关理论建模的优势，针对影响 A 级汽车销售量因素和依据历史销售量数据对汽车销售量进行预测两个问题，分别采用灰色关联分析法和灰色系统 GM(1,1) 模型进行了分析和建模，以期达到指导 A 级汽车的生产和营销的目的。

1. 问题提出

我国汽车工业迄今已有近五十多年的发展历史，尤其是经过近年来的快速发展，汽车产业已成为国民经济发展的主要推动力之一。随着我国汽车工业的高速发展，市场竞争日趋激烈。在这样的市场背景下，汽车行业面临着巨大的挑战。对汽车销售量影响因素的分析以及对汽车未来销售量的预测就显得尤为重要，不仅对政策制定者、生产商、营销商，还是消费者的有关行为都有着重要的指导或引导作用。紧凑性 A 级汽车近年来以其较高的性价比，深受消费者的欢迎，在各类家庭轿车拥有量中占有绝对领先地位，因此，以紧凑型 A 级汽车销售数据来研究汽车销售量的影响因素及其销售量的预测问题具有较好的代表性。下面通过选取了十二种国内市场 A 级车（紧凑型）的主流车型，即：别克凯越、大众速腾、大众宝来、大众捷达、现代朗动、雪佛兰科鲁兹、福特福克斯、别克英朗、斯柯达明锐、标致 408、标致 308、丰田卡罗拉，通过建立数学模型，围绕紧凑型 A 级汽车销量的影响因素和销售量预测问题进行探讨和研究。可归结为以下两个问题。

问题一:影响汽车销量因素有哪些?通过收集的数据找出主要的影响因素并排序。

问题二:通过收集的上述 12 种紧凑型 A 级汽车的有关数据建立汽车销售量预测数学模型。

2. 问题分析、数据收集与模型假设

(1) 数据收集

影响汽车销量的因素涉及许多方面,有宏观因素,也微观上的原因,其中有些原因具有不确定性,如国家有关政策、燃油价格等因素都是动态的,燃油价格是随市场波动的等等。这里仅就汽车本身所具有的品质属性作为探讨解决上述问题的参考,即忽略宏观因素的影响,仅就微观的汽车自身品质作为研究对象。数据的收集我们采用"选车网"(http://www. chooseauto. com. cn/)提供的有关数据[1],经过整理得出了描述 12 种紧凑型 A 级汽车自身品质的指标数据,如表 4-1 所示。之所以采用这些数据来研究对汽车销量的影响,其原因是影响汽车销售的因素是非常多的,除了上述的宏观和微观因素,还有消费者的心理因素等等。而其中许多因素又是动态的和较难把握的,从微观的汽车自身品质的指标数据出发,研究影响 A 级汽车销量的影响因素具有一定的可行性和代表性,因此,我们可以以微观的 A 级汽车自身品质有关指标数据为考量对象,把问题转化为了利用灰色关联分析找出这些因素中影响作用大小的排序。

关于上述的第二个问题,通过在"选车网"收集到的数据,分别尝试了确定性时间序列分析中的移动平均法,指数平滑法、灰色系统 GM(1,1)模型,发现借助灰色系统 GM(1,1)模型进行预测的效果较好,预测精度更高。

(2) 相关假设

① 暂不考虑政策、油价、GDP 等宏观的因素。

② 仅就 A 级汽车自身品质特性指标作为分析依据。

③ 为简化有关表示这里将车型用拼音缩写和数字编号来表示,即别克凯越:BK、大众速腾:D1、大众宝来:D2、大众捷达:D3、现代朗动:XD、雪佛兰科鲁兹:XFL、福特福克斯:FTF、别克英朗:BY、斯柯达明锐:SKD、标致 408:B4、标致 308:B3、丰田卡罗拉:FT。车型自身品质特性指标表示如下:性能指数:x1、安全性:x2、防盗性:x3、操控方便性:x4、操控舒适性:x5、通过性:x6、发动机先进性:x7、底盘先进性:x8。

表 4-1　12 种车型自身品质指标有关数据

车种	x1	x2	x3	x4	x5	x6	x7	x8
BK	27.44	30.14	33	44.46	16	36.76	40.75	18.08
D1	35.87	43.73	36.91	36.91	24	36.76	37.82	35.58
D2	39.64	61.18	50.33	62.91	22	36.76	39	30.77
D3	36.36	39.07	20	35.63	39.11	40.29	51.19	39.2
XD	40.94	50.88	59.46	38.4	24.74	44.12	12.75	42.36
XFL	23.73	29.44	44	34.77	30	32.59	41.02	33.65
FTF	34.39	42.27	47.33	50.28	32	43.78	37.36	29.62
BY	20.8	31.36	47.33	51.07	20	35.69	41.35	29.81
SKD	37.27	48.59	48.67	45.13	62	37.86	40.69	23.08

车种	x1	x2	x3	x4	x5	x6	x7	x8
B4	42.91	52.21	37.33	43.9	60	52.94	39.15	42.5
B3	41.2	59.41	59.46	45.44	28.09	35.29	15.25	39.84
FT	33.13	35.5	27.44	40.99	20	47.06	39.11	32.02

3. 基于灰色关联分析的 A 级汽车销售量影响因素分析

（1）问题分析

为了解决 A 级汽车销售量影响因素问题,这里选取了灰色关联分析法,其基本思想是根据相关数据序列对应的曲线形状的相似程度来判断其联系性是否紧密。与目标曲线越接近的相关数据序列的关联度就越大,反之就越小。但对于数据量大,数据序列较多的情况下,绘出各个数据序列的对应曲线通常工作量较大,这里采用了通过计算灰色关联系数,进而计算出各个数据序列的关联度。

（2）数据收集与整理

由于部分新的车种上市不久,历史数据长度不足,这里采用各车种的年平均销量来分析销售量影响因素,原始数据仍取自"选车网"(网址:),如表 4-2 所示。

表 4-2 12 种汽车年平均销售量

车种	年平均销量/辆	车种	年平均销量/辆
BK	181 409.40	FTF	72 378.33
D1	101 584.29	BY	89 204.67
D2	111 641.50	SKD	104 188.00
D3	194 996.30	B4	49 711.00
XD	80 460.00	B3	38 491.00
XFL	183 428.75	FT	147 163.17

（3）模型的建立

由表 4-2 可以发现 12 种汽车的年平均销售量数值与汽车品质指标值相比较大,所以可以采用标准化的方法,消除量纲和数值大小的影响,然后进行灰色关联分析,其具体步骤如下。

① 以年度平均销售量为参考数列,标准化各个序列,以消除量纲和数值大小的影响。

② 求出各个指标与参考数列的差。

③ 计算最小和最大的差值。

④ 设定分辨系数,通常设为 0.5。

⑤ 计算各个指标序列的灰色关联系数,进而得到各项指标与年度平均销售量的关联度,即可确定影响因素各项指标的排序。

（4）模型的结果与分析

在 MATLAB 环境中编制并运行程序得出八项指标对销售量影响的重要程度的顺序为 x8、x3、x5、x1、x7、x6、x2、x4,即从高到低影响汽车销售量的因素分别是底盘先进性、防盗性、舒适性、安全性、发动机先进性、通过性、安全性、操纵方便性。上述结果与消费者在购买 A 级汽车时通常考虑因素的实际情况基本相符。

4. 基于灰色预测 GM(1,1)模型的 A 级汽车销售量的预测模型

（1）问题分析

对于预测问题，通常的思路是通过收集得到的相关数据及结论运用线性回归的知识建立数学模型。但是通过线性回归得到的方程通常误差较大，故此处借助了灰色预测 GM(1,1)模型来预测汽车销量，这样可以有效消除许多不确定因素的影响。灰色理论认为，系统的行为现象尽管是朦胧的，数据是复杂的，但它毕竟是有序的，是整体功能的。灰色预测就是从杂乱中寻找出规律。同时，灰色理论建立的是生成数据模型，不是原始数据模型，因此，灰色预测的数据是通过生成数据的 GM(1,1)模型所得到的预测值的逆处理结果。灰色预测 GM(1,1)模型具有简单易行，计算速度快，对模型参数具有动态确定能力强，精度较高等特点[2-4]，正是由于灰色预测具备这些优点，选用灰色预测 GM(1,1)模型构建汽车销售量模型有着较好的可行性。

（2）数据收集与整理

鉴于有些车型是新推出的，历史数据序列长度不足，因此，我们选取了受众广，历史数据序列长的通用别克为代表，探讨汽车销售量预测模型的构建。表 4-3 是我们基于选车网提供的数据通过收集整理得到的通用别克 10 年的历史销售数据。

表 4-3　通用别克凯越 2003 年至 2012 年销售量统计表

年份	2003 年	2004 年	2005 年	2006 年	2007 年	2008 年	2009 年	2010 年	2011 年	2012 年
销量/辆	36 001	92 225	155 643	176 450	196 742	169 138	234 816	222 494	253 514	277 071

（3）模型的建立

借助灰色预测 GM(1,1)模型的"五步建模（即系统定性分析、因素分析、初步量化、动态量化、优化）"法，通过在 MATLAB 环境中编制相应的程序，得到汽车销售量的差分微分方程模型 GM(1,1)预测模型。

$$y(t) = -.127\ 696e7 + .131\ 296e7 * \exp(.953\ 152e-1 * t)$$

表 4-4　GM(1,1)模型得到的预测数据（YC）与年销售量原始数据（Y）对照及相对误差（XD）

Y	36 001	92 225	155 643	176 450	196 742	169 138	234 816	222 494	253 514	277 071
YC	36 000	1.313 0	1.444 3	1.588 8	1.747 7	1.922 6	2.114 7	2.326 2	2.558 8	2.814 7
XD	0	0.423 7	0.072 0	0.099 6	0.111 7	0.136 6	0.099 4	0.045 5	0.009 3	0.015 9

然后再作差分运算，进行数据还原，得到的原始数据与预测数据对照及相对误差如表 4-4 所示，从表中可以看出，采用灰色预测 GM(1,1)模型预测结果与原始数据拟合程度是较为理想的。

为了进一步预测未来三年的销售量，只需反复调用上述公式中的 $y(t)$ 值即可。具体实现可借助下面的公式：

$$y1 = y(11) - y(10) = 340\ 580$$
$$y2 = y(12) - y(11) = 374\ 640$$
$$y3 = y(13) - y(12) = 412\ 110$$

即得到未来三年别克凯越销售量分别是 340 580,374 640,412 110（单位:辆）。

5. 模型评价及改进

本研究针对紧凑型 A 级车的销售量影响因素和销售量预测进行了建模分析,得到了较为满意的结果。下面对上述所采用的模型进行评价并分析可能的改进之处。

(1)模型优点

① 对于第一个问题,即结合上述车型影响因素来确定影响因素的排序,采用了可以度量数据序列对应几何曲线形状的相似程度的灰色关联分析法,得出了八种车型的影响因素的排序,从高到低影响汽车销售量的因素分别是底盘先进性、防盗性、舒适性、安全性、发动机先进性、通过性、安全性、操纵方便性。基本符合消费者在选购汽车时主要考虑因素的排序,但有的结果有些出人预料之外,这可能与选车网上述指标在确定时带有一定的倾向性所造成的。

② 第二个问题是利用已有的历史数据序列,通过建立灰色预测模型来预测未来汽车的销售量。由于部分新型车型推出不久,所以选取了通用别克凯越这款历史数据序列较长的车型,通过基于对数据数量要求不是很高的灰色预测 GM(1,1)模型建立了汽车销售量模型,并利用该模型预测了未来三年的销售量。由表 4-4 中可以发现,该模型的精度还是较为理想的,对其他 A 级汽车销售量的预测也有着较好的借鉴价值。

(2)仍需改进之处

① 本文中建模所采用的数据来自选车网,数据可能会受到网站的一些倾向性影响而使我们模型得到的结果难免与实际有所出入。

② 在解决第二个问题时,还可以在如何选取合理的分辨系数方面做进一步的研究,以进一步提高预测的精度。

③ 对于销售量预测的灰色预测 GM(1,1)模型,在实际应用中应对白噪声因素加以考虑,这样可以得到精确度更高的销售量预测模型。

4.5 基于多变量灰色模型的物流需求预测研究

1. 问题的提出

物流业作为国民经济的重要组成部分,近年来在世界范围内迅速发展,成为一个发展潜力巨大的新兴产业。物流需求预测是现代物流规划重要环节,科学高效的物流需求预测,能为物流服务的供给与需求之间达到相对平衡提供保障,从而使物流活动取得较高的效益。

物流需求预测与其他类型预测一样,都离不开科学有效的预测技术的使用。物流需求预测精度的高低直接取决于预测技术的选择,目前通常采用的物流需求预测分为定性和定量预测两种,其中常见的定性预测方法有德尔菲法、业务人员评估法等。定性预测往往是由预测者根据所掌握的资料,凭借其专业知识和经验来进行的,定性预测通常在对预测的精度要求不高时使用,在更多情况下,使用的是通过建立数学模型的定量预测方法,相对于定性预测,在精确度方面定量预测有着更为科学高效的优势。定量预测通常有时间序列技术、回归分析和基于灰色模型的预测等方法。

基于灰色理论的预测方法对于预测对象是"小样本""贫信息"的情况下有着较为理想的预测效果,它对于系统发展变化状态提供了量化的度量,非常适合动态运行系统的分析和预测模型的构建。物流需求作为一种实时动态系统,运用灰色系统理论对物流需求进行预测具有较好的可操作性和实用价值。灰色模型（Grey Model，GM）是一种以对时间序列进行研究分析，通过将无规律的原始数列进行转换，使之成为存在一定规律的生成数列，然后建模的预测方法。其中，GM$(1,n)$模型是一种指数型增长模型，它具有所需样本不多、计算较为简便和便于确定及检验等优点。采用基于GM$(1,n)$构建预测模型及结合残差分析能较准确地实现计算便捷、准确科学的预测。因此，基于多变量灰色模型GM$(1,n)$对物流需求进行预测具有较好的可行性。

2. 多变量灰色模型GM$(1,n)$构建的一般步骤[5-8]

（1）设有n个变量$X_1,X_2,\cdots,X_n$，每个变量都有m个相对应的时间序列观察值：

$$X_i^{(0)} = \left[X_i^{(0)}(1),X_i^{(0)}(2),\cdots,X_i^{(0)}(m)\right],(i=1,2,\cdots,n)$$

（2）为了弱化原始时间序列的随机性，在建立灰色预测模型之前，需要对原始数据时间序列进行数据处理，经过数据处理后的时间序列即称为生成列。通常的做法有累加生成列和累减生成列这两种形式，这里采用累加生成列的形式，对每一个$X_i^{(0)}$累加生成列：

$$X_i^{(1)} = \left[X_i^{(1)}(1),X_i^{(1)}(2),\cdots,X_i^{(1)}(m)\right],(i=1,2,\cdots,n)$$

（3）建立微分方程

$$\frac{\mathrm{d}X_i^{(1)}}{\mathrm{d}t} + aX_i^{(1)} = b_2X_2^{(1)} + b_3X_3^{(1)} + \cdots + b_mX_m^{(1)}$$

参数$\beta = (a,b_2,b_3,\cdots,b_m)^T$，按最小二乘法估计可得到

$$\hat{\beta} = (\boldsymbol{B}^T\boldsymbol{B})^{-1}\boldsymbol{B}^T\boldsymbol{Y}$$

式中，$\boldsymbol{B}$为$(m-1)\times n$的矩阵，$\boldsymbol{Y}$为$(m-1)\times1$矩阵，可以得到GM$(1,n)$模型数学表达式中的系数，进而可得到所求的GM$(1,n)$模型。

（4）GM$(1,n)$模型的分析检验

灰色预测检验常常采用残差检验、关联度检验和后验差检验等方式。这里使用残差检验，它是对建立的模型预测还原值与实际值的残差进行逐点检验。首先求出绝对残差，再求相对残差，然后得到平均相对残差，最后依据灰色系统理论，若所求得的平均相对残差小于0.01、0.05、0.1，则所对应的模型可行性分别为优、合格和勉强合格。

3. 基于多变量灰色模型的物流需求预测模型构建实证分析

（1）物流需求模型变量的选取

物流需求的影响因素涉及领域多、范围广，如通常用货运量、库存量、加工量、配送量等实物量指标来度量，但用这些实物量指标简单相加视为物流需求则有失偏颇。这里在物流需求模型变量的选取上，参照了《中国物流年鉴》统计数据说明中的选取方法，即用"社会物流总额"来表示社会物流总需求，它由工业品、农产品、进口货物、再生资源、单位与居民物品等组成。从结构成分来看，社会物流总额因其不仅包含了产业结构因素，还涵盖了流通消费领域，因此，用它来描述和表示物流需求模型的被解释变量较为全面。对于解释变量的选取，由于实际影响物流需求的因素较为广泛，不可能也没必要将影响物流需求所涉及的全部因素纳入物流需求模型方程中，因此，本研究选择了GDP和社会物流总费用作为物流需求模型的两个解释变量。之所以选择它们，原因是显而易见的。首先，从经济增长的规律上看，物流需求的变化与经济总量、经济增长速度密切相关，GDP越大，经济发展水平越高，对物流服务有关的货物运输、仓储、配送、物流信息处理等需求就越大。其次，一般地，一项经济指标与其总费用通常是正向关系，因此，物流总费用也与物流需求成正向关系，用物流总

费用能从一定程度上较好地反映和解释物流总需求状况。

下面以某地区物流需求预测为例,结合该地区的社会物流要求 X10(万元)、国民生产总值 GDP X20(万元),社会物流总费用 X30(万元)从 2006 年至 2014 年统计数据,如表 4-5 所示,基于上述多变量灰色模型算法来建立该地区物流需求预测 GM(1,3)模型,并利用残差检验验证所建立物流需求预测模型的优劣,进而通过建立的模型计算 2013 年和 2014 年该地区社会物流需求的预测值。

表 4-5 某地区 2006-2014 年社会物流需求、GDP、社会物流总费用统计数据(单位:万元)

类型	年份								
	2006 年	2007 年	2008 年	2009 年	2010 年	2011 年	2012 年	2013 年	2014 年
X10	4 998	5 309	6 029.9	6 510.9	7 182.1	7 942.9	8 697.3	待定	待定
X20	6 316.8	6 868.9	8 177.4	9 061.2	10 128.5	11 320.8	12 719.1	15 000	18 000
X30	45 906	48 064	50 212	52 376	54 283	56 212	57 706	60 000	65 000

(2) 模型的建立、验证和分析

① 根据表 4-5 中的该地区社会物流需求、国民生产总值 GDP,社会物流总费用时间序列数据,将社会物流需求 X10(万元)、GDP 国民生产总值 X20(万元)、社会物流总费用视为 3 个变量 X10,X20,X30,每个变量都有相对应的时间序列观察值,其中 2013 年与 2014 年的社会物流需求(X10)为待定预测对象。

X10＝[4998   5309   6029.9   6510.9   7182.1   7942.9   8697.3];

X20＝[6316.8 6868.9 8177.4   9061.2   10128.5   11320.8   12719.1];

X30＝[45906   48064   50212   52376   54283   56212   57706];

② 弱化原始时间序列的随机性。在建立灰色预测模型之前,对原始数据时间序列进行数据处理,经过相应数据处理后得到新的时间序列,即为生成列。此处采用累加生成列的形式来计算得出生成列,利用 MATLAB 软件中的 cumsum 函数可以方便地得出累加生成列。这里用 X11,X21,X31 来分别表示,即

X11＝cumsum(X10);X21＝cumsum(X20);X31＝cumsum(X30);

③ 建立微分方程,按最小二乘法估计求参数矩阵运算中的 **B** 矩阵中的第一列的值 Z1,然后求出确定参数的矩阵 **B**,即

B＝[－(Z1(2:end))′,(X21(2:end))′,(X31(2:end))′];

④ 求解微分方程,求出 GM(1,3)模型数学表达式的系数进而得到最终的 GM(1,3)模型。相应的 MATLAB 环境中实现的过程如下。

Y＝(X10(2:end))′;C＝inv(B′*B)*B′*Y;

从而得到:C＝2.282 2,1.254 7,0.066 5

⑤ 用残差检验判断所建立的模型的优劣

(i)用上述建立的模型可得到 2006 年至 2012 年社会物流需求的拟合值。它是通过在 MATLAB 环境中编写一个循环来实现,循环变量 k 取值为从 0 至 6,得到 X12 的值。其中的循环体为

X12(k+1)＝(X10(1)－1/C(1)*(C(2)*X21(k+1)+C(3)*X31(k+1)))*exp

$(-C(1) * k) + \cdots 1/C(1) * (C(2) * X21(k+1) + C(3) * X31(k+1));$

(ii)实施累减还原：

$X13 = [X12(1), diff(X12)];$

可得到如下结果：

X13 = 1.0e+003 *

4.998 0　　4.479 0　　6.352 7　　6.602 2　　7.164 7　　7.862 4　　8.674 4

(iii)求绝对残差序列：Delta0=abs(X10-X13)，进而得到相对残差序列：

Cd=Delta0./X10

Cd=0　0.156 3　0.053 7　0.014 2　0.002 4　0.010 0　0.002 6

最后求得平均相对残差：

$$mCd = mean(Cd) = 0.034\ 2$$

(iv)由上述得到的平均相对残差的值 mCd=0.034 2<0.05，依据灰色系统理论可知，得到的社会物流需求预测模型 GM(1,3)模型是有效可行的。

⑥ 借助上面得到的 GM(1,3)模型计算 2013 年该地区的社会物流需求预测值，在 MATLAB 环境中实现过程如下。

X20(8)=15 000；X30(8)=60 000；

X21(8)=X21(7)+X20(8)；X31(8)=X31(7)+X30(8)；k=7；

$X12(k+1) = (X10(1)-1/C(1)*(C(2)*X21(k+1)+C(3)*X31(k+1)))*exp(-C(1)*k)+1/C(1)*(C(2)*X21(k+1)+C(3)*X31(k+1));$

X13(8)=X12(8)-X12(7)；X 2013=X13(8)；

通过计算可得到如下结果：

X 2013 = 1.0e+003 *

4.998 0　4.479 6　6.353 6　6.602 9　7.165 6　7.863 7　8.674 0　9.994 5

依据上述灰色系统理论构建的 GM(1,3)模型可计算得出 2013 年该地区社会物流需求为 9 994.5 万元。同理，可预测 2014 年该地区的社会物流需求，只须将 2014 年 GDP、社会物流总费用统计数据代入，即改变上述步骤⑥中的相应值即可得到 2014 年该地区社会物流需求为 11 787 万元。

4. 结语

本研究基于多变量灰色模型算法，以物流需求预测为目标，研究探讨了物流需求预测的多变量灰色模型 GM(1,n)的构建思路与方法，并通过具体的算例，构建了一个具体物流需求 GM(1,3)预测模型，通过残差检验和分析得出了所建立的物流需求模型等级为有效可行的结果。由上述分析结果可以看出，应用多变量灰色模型算法构建物流需求预测模型，对物流需求预测有着较好的可行性和实用性。该模型较之于传统预测技术构建的物流需求预测模型有以下显著的特点：(1)该模型将预测系统中的随机样本值作为灰色数据进行处理，较好地找出了样本数据蕴含的内在规律，且用于预测时所需原始样本数据量小，预测精度较高，而传统预测法通常要求样本数据量大且有一定的规律性，有的方法还需要凭经验给出相应的权重系数。(2)便于计算机编程处理，数据处理简便、快捷、准确度较高。(3)有较强的适用性。这里所给出的物流需求预测灰色模型无论是对物流需求的宏观长期预测，还是对微观短期物流需求预测都具有一定适用性。

本章参考文献

[1] 选车网.http://www.chooseauto.com.cn/.

[2] 司守奎,孙玺菁.数学建模算法与应用[M].北京:国防工业出版社,2011.

[3] 刘思峰,党耀国,方志耕,等.灰色系统理论及其应用[M].北京:科学出版社,2010.

[4] 赵静,但琦.数学建模与数学实验[M].北京:高等教育出版社,2008.

[5] 杜栋,庞庆华,吴炎.现代综合评价方法与案例精选[M].北京:清华大学出版社,2008.

[6] 谢中华.MATLAB统计分析与应用:40个案例分析[M].北京:北京航空航天大学出版社,2010.

[7] 宋祖铭,宁宣熙.一种灰色评价体系的建立方法[J].南昌:企业经济,2007,(5).

[8] 屠文娟.基于灰色关联分析的江苏省科技投入与经济增长实证研究[J],南昌:企业经济,2008,(1).

第5章 灰色关联算法应用研究

5.1 关联分析

关联分析是一种在实际工程中应用广泛,且简单、实用的分析技术。其目标是发现存在于大量数据集中的关联性或相关性,进而表述事物中的某些属性的规律或模式。通俗来讲关联分析即是从大量数据中发现事物之间微妙有趣的关联或相关联系。例如,商业应用中关联分析的一个典型例子是购物篮分析,该案例通过发现顾客放入其购物篮中的不同商品之间的联系,分析顾客的购买习惯,了解哪些商品频繁地被顾客同时购买和时常关注,这种关联的发现可以有效地帮助销售商制定富有针对性的营销策略。其他的应用还包括价目表设计、商品促销、商品的排放和基于购买模式的顾客划分。例如,啤酒和尿布的看似毫无关联,但经关联分析得出"67%的顾客在购买啤酒的同时也会购买尿布"的结论,因此通过合理的啤酒和尿布的货架摆放或捆绑销售可提高超市的服务质量和效益。又如在大学程序设计语言教学中,通过关联分析发现 C 语言课程优秀的同学,在学习数据结构时为优秀的可能性达 88%,那么就可以在教学过程中通过强化程序语言的学习来提高教学效果。类似具体案例还有很多,限于篇幅,这里不展开论述。

大千世界里的客观事物发展往往现象复杂,因素繁多。我们要认识客观事物的发展规律就需要对这些系统进行因素分析,这些因素中哪些对系统来讲是主要的?哪些是次要的?哪些需要发展?哪些需要抑制?哪些是潜在的?哪些是明显的?这些都是我们通常十分关心的问题。事实上,因素间关联性如何、关联程度如何量化等问题是系统分析的关键和起点。因素分析的基本方法过去主要采取回归分析等办法,但回归分析法在实际应用中存在着较多的欠缺。例如,要求大量数据、计算量大及可能出现异常情况等,而采用关联度分析法来做系统分析可以有效地克服上述弊端。

关联分析实际上是一种基于动态过程发展态势的量化比较分析方法,所谓发展态势比较,也就是系统各时期有关统计数据的几何关系的比较。例如,图 5-1 是某地区 1977—1983 年总收入与养猪、养兔收入的折线图。

由图 5-1 中可以看出,曲线 A(总收入)与曲线 B(养猪收入)发展趋势比较接近,而与曲线 C(养兔收入)相差较大,因此可以判断,该地区对总收入影响较直接的是养猪业,而不是养兔业。很显然,几何形状越接近,关联程度也就越大。当然,直观分析对于稍显复杂的问题则显得难于进行。因此,需要给出一种计算方法来衡量因素间关联程度的大小。灰色关联分析法的出现为衡量因素间关联程度提供了一种良好解决方案。

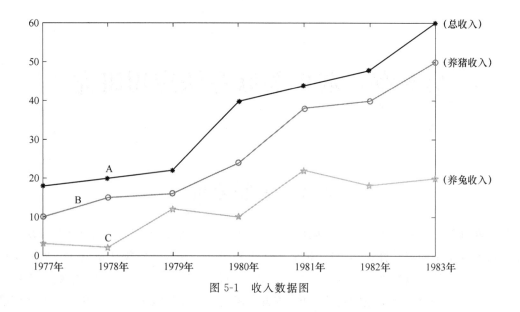

图 5-1　收入数据图

5.2　灰色关联分析法

灰色关联分析是指对一个系统发展变化态势定量描述和比较的方法，其基本思想是通过确定参考数据列和若干个比较数据列的几何形状相似程度来判断其联系是否紧密，它反映了曲线间的关联程度。灰色关联分析是灰色系统理论的一个分支，应用灰色关联分析法对受多种因素影响的事物和现象从整体观念出发进行综合评价是一个被广为接受的方法。

灰色系统理论是由著名学者邓聚龙教授首创的一种系统科学理论（Grey Theory），其中的灰色关联分析是根据各因素变化曲线几何形状的相似程度，来判断因素之间关联程度的方法。此方法通过对动态过程发展态势的量化分析，完成对系统内时间序列有关统计数据几何关系的比较，求出参考数列与各比较数列之间的灰色关联度。与参考数列关联度越大的比较数列，其发展方向和速率与参考数列越接近，与参考数列的关系越紧密。灰色关联分析方法要求样本容量可以少到 4 个，对数据无规律同样适用，不会出现量化结果与定性分析结果不符的情况。其基本思想是将评价指标原始观测数进行无量纲化处理，计算关联系数、关联度以及根据关联度的大小对待评指标进行排序。灰色关联度的应用涉及社会科学和自然科学的各个领域，尤其在社会经济领域，如国民经济各部门投资收益、区域经济优势分析、产业结构调整等方面，都取得较好的应用效果。

关联度是灰色关联分析的核心指标。关联度有绝对关联度和相对关联度之分，绝对关联度采用初始点零化法进行初值化处理，当分析的因素差异较大时，由于变量间的量纲不一致，往往影响分析，难以得出合理的结果。而相对关联度用相对量进行分析，计算结果仅与序列相对于初始点的变化速率有关，与各观测数据大小无关，这在一定程度上弥补了绝对关联度的缺陷。

5.3　灰色关联分析的计算步骤

灰色关联分析的具体计算步骤如下。

第一步:确定分析相关数列。确定反映系统行为特征的参考数列和影响系统行为的比较数列。反映系统行为特征的数据序列,称为参考数列。影响系统行为的因素组成的数据序列,称为比较数列。

设参考数列(又称母序列)为 $Y = \{Y(k) \mid k = 1,2 \cdots n\}$,比较数列(又称子序列)
$$X_i = \{X_i(k) \mid k = 1,2,\cdots,n\}, i = 1,2,\cdots,m$$

第二步,数据的无量纲化。由于系统中各因素列中的数据可能因量纲不同,不便于比较或在比较时难以得到正确的结论,因此在进行灰色关联度分析时,一般都要进行数据的无量纲化处理。

第三步,计算关联系数。$x_0(k)$ 与 $x_i(k)$ 的关联系数
$$\xi_i(k) = \frac{\min\limits_i \min\limits_k \mid y(k) - x_i(k) \mid + \rho \max\limits_i \max\limits_k \mid y(k) - x_i(k) \mid}{\mid y(k) - x_i(k) \mid + \rho \max\limits_i \max\limits_k \mid y(k) - x_i(k) \mid}$$

记 $\Delta_i(k) = \mid y(k) - x_i(k) \mid$,则
$$\xi_i(k) = \frac{\min\limits_i \min\limits_k \Delta_i(k) + \rho \max\limits_i \max\limits_k \Delta_i(k)}{\Delta_i(k) + \rho \max\limits_i \max\limits_k \Delta_i(k)}$$

式中,ρ 称为分辨系数,ρ 越小,分辨力越大。一般 ρ 的取值区间为 $(0,1)$,具体取值可视情况而定,通常取 $\rho = 0.5$。

第四步,计算关联度。因为关联系数是比较数列与参考数列在各个时刻(即曲线中的各点)的关联程度值,所以它的值可能不止一个,而信息过于分散不便于进行整体性比较。因此有必要将各个时刻(即曲线中的各点)的关联系数集中为一个值,即求其平均值,作为比较数列与参考数列间关联程度的量化表示。

第五步,关联度排序。关联度按大小排序,关联度值越大的比较数列与参考数列的相似度越大。

5.4　灰色关联算法的优缺点

(1) 优势。灰色关联算法是按发展趋势开展分析的,因此对样本量的多少没有过多要求,也不需要典型的分布规律,而且计算量比较小,其结果与定性分析结果比较吻合。灰色关联算法的主要优点在于:思路明晰,可以在很大程度上减少由于信息不足而带来的损失,并且对数据要求较低,工作量较少。因此,灰色关联算法是系统分析中比较简单、可靠的一种分析方法。

(2) 缺点。灰色关联算法是借助于灰色关联度模型来完成计算分析工作的,随着灰色关联分析理论应用领域的不断扩大,现有的一些模型存在的局限性逐渐显露,其主要缺点在于需要对参考数列各项指标的最优值进行确定,主观性过强,且参考数列部分指标最优值难以确定,因此,近年来相关研究工作者对灰色关联算法的改进和完善进行了探索。目的是使

其尽量地克服自身存在的不足,不断扩大灰色关联理论与方法的适用范围,使之更加适合于现实问题的分析。

5.5　灰色关联分析的进一步改进

当用各指标的最优值(或最劣值),构成参考数据列计算关联系数时,也可用改进得更为简便的计算方法。

$$\zeta_i = \frac{\min \mid x_0'(k) - x_i'(k) \mid + \rho . \max \mid x_0'(k) - x_i'(k) \mid}{\mid x_0'(k) - x_i'(k) \mid + \rho . \mid x_0'(k) - x_i'(k) \mid}$$

改进后的方法不仅可以省略第三步,使计算简便,而且避免了无量纲化对指标作用的某些负面影响。在计算关联序时,可对各评价对象(比较序列)分别计算其个指标与参考序列对应元素的关联系数的均值,以反映各评价对象与参考序列的关联关系,记为

$$\gamma_{0i} = \frac{1}{m} \sum_{k=1}^{m} \zeta_i(k)$$

另外,如果各指标在综合评价中所起的作用不同,可对关联系数求加权平均值,然后依据各观察对象的关联序,得出综合评价结果。

5.6　基于灰色关联算法的物联网
安全状态评估模型研究

1. 引言

网络安全状态评估是网络安全领域的研究热点之一,其中分析某时段网络系统所处的安全状态是主要研究方法之一,其目的是为管理者提供管理决策。灰色关联算法是一种非常适合动态运行系统的分析算法。随着物联网在各行各业中全面推进,安全问题成了其要解决的关键问题。本研究在探讨物联网存在的主要安全问题的基础上,探讨了基于灰色关联算法的物联网安全状态的评估方法,并进行了相应的实证分析。

对网络安全状态进行科学准确评估是保证网络安全运行的重要手段之一。如何通过广泛搜集网络运行中的有关数据信息,依据科学的算法来反映评估对象的网络安全的基本面貌和水平是近年来学术界关注的热点问题。随着计算机通信技术的飞跃式发展,网络信息安全的内涵和外延不断地延伸,主要体现在:从最初的侧重于信息保密性,发展到如今网络安全信息的完整性、可用性、可控性和不可否认性,其主要技术和理论为"攻击、防范、检测、控制、管理、评估"等几方面,目的是构建网络信息安全的"攻、防、测、控、管、评"立体式防范体系[1]。其中网络信息安全风险评估是保障网络信息安全和正常运行的基础和手段。绝对的安全是不存在的,但通过科学准确的网络信息安全风险评估可以进一步降低安全风险,从而为网络信息提供者、使用者判定网络安全状态,保障信息安全提供支撑。可见,网络信息安全状态评估是网络信息安全得以保障的重要基础性工作之一。

近年来,随着信息技术的飞速发展,物联网正在成为世界各国信息产业的重要组成部分,它的出现和广泛推广应用已成为推动信息技术在各行各业进一步深化应用的强有力的推动力。较之于互联网安全问题,物联网的安全问题显得更加突出。互联网遭受到安全威

胁时通常造成的是信息资产领域的损失,而物联网一旦遭到致命的攻击,则会直接对人们的工作和生活,甚至是对整个国民经济造成巨大的影响。与互联网相比,物联网涉及社会经济的各个层面,具有更大的市场价值,可以预见,攻击物联网对那些为谋取私利的不法之徒将会更具诱惑力。随着物联网在各行各业的普及和推广,物联网将面临更为严峻的安全挑战。所以,对物联网进行安全状态的评估进而保障其安全运行就显得十分的重要和具有深刻的现实意义。

2. 物联网信息安全面临的主要问题和特点[2-5]

(1)物联网来源于互联网,具有互联网同样的先天不足的特性而导致其存在一定的安全问题。

(2)更为复杂的网络环境使得物联网信息安全的保障更加困难。物联网将网络的概念扩展延伸到了现实工作、生活的各个领域,可以说人们的现实工作、生活将建立于物联网之上,这种物联网的复杂性势必带来了许多不确定性因素,复杂性是物联网安全难以控制的主要问题之一。

(3)物联网开放的无线信道使其很容易受到外部信号干扰和攻击。另外,无线信道没有明显边界,使其很容易被监听。

(4)物联网终端由于通常采用的是微型传感器,处理、存储能力以及能量都比较低,造成对一些计算、存储、功耗要求较高的安全措施无法实施和加载。

(5)随着对无线终端和无线网络等攻击技术不断发展,无线网络比有线网络更容易受到入侵,要使物联网真正高效安全,在信息安全保障措施方面需要比传统的互联网更进一步的加大力度,而加大对物联网安全状态的评估力度,借助科学高效的算法分析实时的安全状态,是保障物联网安全的重要举措。

综上所述,物联网面临的安全问题是管理者必须高度重视和认真面对的。要解决物联网安全问题就必须避免重蹈传统互联网的覆辙,即在搭建和管理物联网时,要有全局“一盘棋”的思想,从整体、系统的角度来思考,从物联网终端、无线传输、互联网传输的各个环节全面地考虑安全性,力争将安全问题解决在设计之初。

3. 物联网安全状况评估的必要性

随着信息时代的到来和 Internet 的迅速发展,各种网络攻击事件屡屡发生,网络信息安全问题已成为备受关注的焦点。为了保证网络安全运行,现在管理者通常采用了入侵检测、防火墙、病毒检测等技术。然而借助这些技术每天都会产生近乎海量的网络信息,使得网络管理者很难真正全面地了解网络系统的真实安全状态,太多的信息有时使管理者不能及时采取恰当的对策。因此如何真实、准确、客观地对网络运行安全状况进行科学准确的评估就显得尤为重要。

网络安全状态分析通常包括某时刻各种网络设备运行情况、网络服务状况及用户行为分析评估等几个方面。在物联网这种大规模网络环境中,对引起网络安全状况发生变化的安全因素进行提取、分析、显示,从而达到预测未来发展的趋势的目的,是物联网安全状态评估的关键之一。而要达到此目的,采用科学高效的算法来处理和融合海量的网络安全状态数据就显得十分的必要。

鉴于此,此处将在对动态系统分析方面具有较强优势的灰色系统理论引入物联网安全状态的评估中,把常见的几种网络攻击行为作为安全因素,通过使用灰色关联分析法来量化某段时间内网络攻击行为对该网络所产生的相对影响,进而实现对整个网络所处的安全环境与状态的定量评估,达到帮助物联网管理者更好地管理好网络,使其真正发挥应有的作用的目的。

4. 灰色关联算法概述[6-8]

在众多客观事物及纷杂的因素之间,存在着大量的、相互交错的复杂关系,人们在分析和决策时,经常是处于难以得到全面、足够的信息和形成明确的概念的境地,诸如此类往往是灰色因素在起作用,因此对灰色系统进行分析和研究时,解决此类问题的关键是如何从随机的时间序列中,找到关联性和关联性的度量值,以便进行因素分析,为决策提供依据。灰色系统理论提出了对其各子系统基于灰色关联度分析的方法,其目的是通过一定的方法,来寻求整个系统中各子系统或因素之间的数值关系,这种关联性的度量值通常称为灰色关联度。基于灰色关联度分析对于一个系统发展变化状态可以提供量化的度量分析,非常适合动态运行系统的分析。物联网作为实时动态的系统,运用灰色关联法来分析其网络安全状态具有较好的可操作性和实用价值。

5. 基于灰色关联算法的物联网信息安全状态评估具体步骤

下面给出基于灰色关联算法的物联网信息安全状态评估具体的步骤。

(1)收集和统计检测考查时间段 T 内的网络受到的攻击数据。根据整个系统的性能和实际情况,时间段 T 的大小可作相应的调整。网络所遭受的攻击的种类通常可分为 Ping 攻击、RPC 攻击、DOS 攻击、Shellcode 攻击、DNS 欺骗和 http 攻击等。同时,在表 5-1 中选取各种攻击类型统计数据中最小值作为理想参考数列。

(2)将上述所统计的数据进行无量纲化处理,并根据相关公式求取其灰色关联矩阵,得到其相关的灰色关联系数值。

(3)根据上述各种攻击危害性,结合专家系统给出的权重,计算出网络安全状态指数值。

(4)依据上述得到的网络安全指数值分析得出网络的安全状态。

6. 实证分析

(1)收集和统计检测考查时间段 T 内的攻击数据

表 5-1 是某物联网在一段时间内受的攻击类型和次数,表中统计了在 T 时间内物联网某一关键网段所遭受的攻击情况。在表 5-1 中,A_1 是 Ping 攻击,A_2 是 RPC 攻击,A_3 是 DOS 攻击,A_4 是 Shellcode 攻击,A_5 是 DNS 欺骗,A_6 是 http 攻击。表 5-1 中的数据是检测到的各种攻击类型在相应的时间片($T_1 \sim T_8$)中的次数。

表 5-1 遭受的攻击类型次数和理想参考数列

时间段	攻击类型					
	A_1	A_2	A_3	A_4	A_5	A_6
T_1	40	0	0	2	3	2
T_2	0	18	90	8	27	0
T_3	1	1	1	0	6	28
T_4	0	0	0	0	144	0
T_5	8	0	160	1	28	0
T_6	50	50	120	9	280	15
T_7	45	25	50	0	72	15
T_8	0	6	15	0	40	14
参考数列	0	0	0	0	3	0

（2）将表 5-1 中的数据无量纲化处理，并根据相应的公式求出其灰色关联矩阵，得到相关因素的灰色关联系数值，如表 5-2 所示。

表 5-2　灰色关联系数值

时间段	攻击类型					
	A_1	A_2	A_3	A_4	A_5	A_6
T_1	0.775 91	1	1	0.985 765	0.978 799	0.985 765
T_2	1	0.884 984	0.606 127	0.945 393	0.868 339	1
T_3	0.992 832	0.992 832	0.992 832	1	1	0.831 832
T_4	1	1	1		0.500 904	1
T_5	0.945 393	1	0.463 987	0.992 832	0.862 928	1
T_6	0.734 748	0.734 748	0.535 783	0.938 983	0.335 758	0.902 28
T_7	0.754 768	0.847 095	0.734 748	1	0.677 262	0.902 28
T_8	1	0.958 478	0.902 28	1	0.802 899	0.908 197

（3）根据上述各种攻击危害性的权重进而计算网络安全风险指数值。

依据各种攻击危害性对网络系统安全影响，结合专家系统选取权重，此处对于上述的 6 种攻击对应的权重选取如下。

$$V = \{0.250, 0.083\ 3, 0.250, 0.250, 0.083\ 3, 0.083\ 3\}$$

（4）依据上述权重及得到的灰色关联系数得出网络的安全状态指数值，计算结果如表 5-3 所示。

表 5-3　各时段网络安全状态指数值

时间段	T_1	T_2	T_3	T_4	T_5	T_6	T_7	T_8
指数值	0.937 367	0.867 232	0.981 710	0.958 325	0.839 035	0.716 712	0.824 518	0.947 945

通过对表 5-3 的各时段网络安全状态指数值分析可以看出，该网络在时间段 T_1、T_3、T_4、T_8 内的安全指数值比较大，表明在这些时间段内网络的状态比较安全、稳定；在时间段 T_2、T_5、T_7 内虽然遭受到一定的威胁，但还可以维持其正常的运行状态，而对于 T_6 时间段，网络安全指数值比较小，表明这个时间段内网络遭受的威胁较之其他时间段要高，应该引起网络管理者的高度重视，采取必要的防范措施。

通过上述实例可以看出，用本书给出的基于灰色关联分析法的物联网安全状态评估方法得出的评估结果与实际情况还是比较符合的。即与表 5-1 中从直观上判断，也可以看出的确在时间段 T_6，网络处于较高的受威胁状态。

7. 结语

随着物联网技术的广泛推广和运用，和任何一次新技术的产生一样，将在社会生产、生活的各个方面产生广泛而深入的影响。但同时我们也应看到在物联网显著提高经济和社会运行效率的同时，其对国家的机密、信息安全和公民的隐私保护等方面的安全问题提出了严峻挑战。我国物联网的发展仍处于起步阶段，有关物联网信息安全防护问题的研究任重道远。上面通过较为详尽的对物联网安全问题的探讨，结合灰色关联算法提出了物联网安全状态评估的方法和步骤,并通过实证分析,说明了灰色关联算法在物联网安全状态评估中运用的具体过程,提出的模型对在实际应用中物联网管理者保障信息安全,管理好物联网有一定的借鉴价值。

5.7 江苏农机总动力影响因素灰色关联分析及 GM(1,1) 预测研究

1. 引言

评价一个国家、区域和省份的农业现代化程度,农机总动力是其重要指标之一,因此对其进行影响因素分析和发展趋势预测有着十分重要的意义。为了准确地分析江苏省农机总动力影响因素和发展趋势,本研究首先依据江苏省 1998—2010 年有关统计数据,利用灰色关联分析对影响农机总动力变化的因素进行关联分析。结果表明,在八项影响江苏省农机总动力的指标中政府财政投入、农村居民家庭人均纯收入、农业技术人员人数、农民受教育程度位列前四位。其次采用 GM(1,1) 灰色模型对 2014—2016 年江苏省农机总动力进行了预测,通过残差分析,该方法预测的精度满足要求,有效克服了常用的回归分析等方法的计算烦琐等不足。

当前我国社会经济发展已进入了创新驱动、转型发展阶段,农业现代化的实现离不开农业机械化的大力发展。农机总动力通常是指主要用于农、林、牧、渔业的各种动力机械的动力总和。包括耕作机械、排灌机械、收获机械、农用运输机械、植物保护机械、牧业机械、林业机械、渔业机械和其他农业机械,其中内燃机按引擎马力单位、电动机功率单位都折成瓦特计算[9-10]。农机总动力作为衡量国家、区域、省市的农业机械化发展水平的主要指标,是有关决策部门制定农业机械化发展规划及农业机械生产企业制定产品结构调整方案的重要参考数据,同时通过分析农机总动力的发展趋势也可为农业机械生产企业了解未来农机市场供需状况提供一定的参考。因此,研究农机总动力影响因素分析及对其发展趋势进行预测具有十分重要的现实意义。

2. 有关原理概述

灰色系统理论是基于客观世界中大量实际问题,其内部的结构、参数、特征等内部机理并未像白箱问题那样清晰的情况下,依据部分已知信息通过逻辑思维与推断来构造模型。这种方法对于研究信息大量缺乏或紊乱的问题具有较强的优势,是认识客观世界和改造客观世界的一个有力的理论工具。当前,灰色系统理论已成功地广泛应用于工程控制、社会经济管理、生态系统等领域。

(1) 灰色关联分析[11-12]

客观世界里的事物在其发展态势上常常呈现出十分复杂的现象,所受到的影响因素繁多。为了掌握事物的发展态势,就需要对系统的影响因素进行分析,在繁杂众多的影响因素中找出对系统而言主要的影响因素和次要的影响因素,进而发现需要发展的因素和需要的抑制因素,这些问题的探究对掌握事物发展态势是极为重要的。对于事物发展的因素分析,以往通常采取回归分析等办法。但回归分析法有很多欠缺,比如在数据的数量上要求数据量要相应的较大,且计算量烦琐,可能出现异常情况等问题。研究表明,采用灰色关联分析法可以有效地克服上述弊病。灰色关联度分析是依据各因素数列曲

线形状的接近程度做发展态势的分析,如果两个因素变化的态势是一致的,即同步变化程度较高,则可以认为两者关联较大;反之,则两者关联度较小。因此,灰色关联度分析对于一个系统发展变化态势提供了量化的度量,非常适合动态发展事物的分析。灰色关联分析法的一般步骤如下。

① 以原始数据为参考数列,加入各个关联指标值构成一个矩阵,标准化该矩阵,以消除量纲和数值大小的影响。

② 求出标准化后的各个关联指标与参考数列的差。

③ 计算最小和最大的差值。

④ 设定分辨系数,通常设为 0.5。

⑤ 计算各个关联指标序列各个时刻的灰色关联系数,然后求其平均值,即可确定影响因素各项指标的关联度排序。

(2) GM(1,1)灰色预测模型

GM(1,1)灰色预测模型在系统的动态分析方面具有较大的优势,是一种描述多元一阶线性动态的模型。灰色预测 GM(1,1)模型的建立通常分为以下五步:系统定性分析、因素分析、初步量化、动态量化、优化检验,通常被称为五步建模法。

3. 实证分析

(1)江苏省农机总动力灰色关联分析

农机总动力是衡量一个地区农业机械化发展水平的重要指标之一。如何定量分析一个地区的农机总动力,选取合适的各种影响因素作为考查变量至关重要。结合江苏省技术条件和社会经济水平,江苏省农机总动力相关影响因素可归纳为以下几个方面:一是政府在农业机械化方面的宏观调控引导作用。二是进一步提高生产能力,满足加大生产规模的需求;三是促进农业生产技术科技进步,降低生产成本,提高农产品数量和质量,不断增加农民收入的需求;四是改善农民的生活和劳动条件和更多的发展机会的需求;五是农村剩余劳动力转移,使得农民对农业机械化的需求加大。

综上所述,上述几个方面的需求构成了农机总动力发展的主要影响因素。其中,进一步提高生产能力,满足加大生产规模的需求可通过实际粮食播种面积来反映;生产成本降低、竞争力的提高、农民收入增加和生产条件改善,可通过农民年纯收入和粮食单产两项指标反映;政府宏观调控引导作用可通过政府的财政投入来表述;农村剩余劳动力转移率可用第二和第三产业占就业劳动力的百分比来描述;农民的受教育程度则可通过每千人中的中学生百分比来表示。此外,农业技术人员人数可以反映农业机械装备的研发推广水平,农民收入的开支情况可通过农村居民家庭恩格尔系数表示。因此以粮食播种面积 $x1$、农村剩余劳动力转移率 $x2$、农村居民家庭人均纯收入 $x3$、农民受教育程度 $x4$、政府的财政投入 $x5$、粮食单产 $x6$、农业技术人员人数 $x7$ 和农村居民家庭恩格尔系数 $x8$ 作为影响农机总动力 y 的影响因素变量具有较好的客观性和可行性。

按上述灰色关联分析的步骤,以江苏省 1998—2010 年农机总动力原始数据(表 5-4)为参考数列(以 y 表示),加入 $x1$ 至 $x8$ 各个指标历年数据构成一个矩阵,标准化消除量纲和数值大小的影响后,求出各个指标与参考数列的差,计算其最小和最大的差值,再设定分辨系数,这里取 0.5,最后计算各个指标序列历年的灰色关联系数,求其平均值,即可确定影响因素各项指标的排序,如表 5-5 所示。

表 5-4   农机总动力与相关影响因素

年份	影响因素								
	y	x1	x2	x3	x4	x5	x6	x7	x8
1998 年	22.124	6.455	51.3	0.876	42.64	0.775	3.915	23.7	50.2
1999 年	20.048	6.363	43.4	0.884	46.03	0.919	3.952	23.5	52.3
2000 年	19.666	6.203	43.7	0.921	46.74	1.166	3.751	23.9	56.1
2001 年	20.161	6.181	45.8	1.061	47.66	1.347	4.032	25.3	54.7
2002 年	20.818	6.030	48.6	1.267	48.13	1.344	4.083	25.0	50.2
2003 年	21.614	5.749	51.1	1.832	50.38	1.842	5.434	22.1	54.8
2004 年	22.270	5.755	53.1	2.457	53.05	2.155	5.710	26.5	54.8
2005 年	22.974	5.877	54.1	3.029	54.91	2.208	5.915	36.8	51.2
2006 年	24.997	5.994	54.9	3.270	54.79	2.538	5.945	39.0	48.9
2007 年	25.948	5.946	55.7	3.377	55.03	3.169	5.743	44.5	47.8
2008 年	27.679	5.829	56.5	3.495	56.58	3.806	6.107	45.1	44.7
2009 年	29.253	5.304	57.2	3.595	59.23	4.390	5.857	46.1	43.5
2010 年	29.579	4.887	59.1	3.785	64.31	5.165	6.021	41.8	42.6
2011 年	30.291	4.660	64.0	4.239	76.13	7.571	5.305	37.4	41.4
2012 年	30.52	4.775	66.4	4.754	79.53	11.176	5.925	32.5	44.2

表 5-5   农机总动力与相关影响因素的关联度及排序

影响因素	关联度	排序
粮食播种面积 x1	0.666 0	7
农村剩余劳动力转移率 x2	0.856 5	5
农村居民家庭人均纯收入 x3	0.872 4	2
农民受教育程度 x4	0.870 1	4
政府财政投入 x5	0.916 2	1
粮食单产 x6	0.818 1	6
农业技术人员人数 x7	0.870 9	3
农村居民家庭恩格尔系数 x8	0.593 5	8

通过表 5-5 可以看出，在八个影响因素中关联度最高的是政府财政投入，其次是农村居民家庭人均纯收入，第三是农业技术人员人数，第四是农民受教育程度，这些说明政府财政投入对农业机械化进程有着至关重要的引导作用，而农村居民家庭纯收入的增长提高了农民购买农机装备的能力，为广大农民在耕作中使用农业机械化提高生产力奠定了物质基础，农业技术人员人数的增加为农业机械化提供了技术支撑，农民受教育程度的提高使农民开阔了眼界，为农业机械化的实施提供了原动力。这些与农村机械化进程的实际情况是十分相符的。

（2）江苏省农机总动力灰色预测 GM(1,1)模型的构建

依据表 5-4 中江苏省农机总动力历史数据,根据上述的灰色预测 GM(1,1)模型的构建的步骤可得出江苏省农机总动力与年数间的预测模型,自变量年份数 t 的取值为 1 至 13。按照构造数列、弱化原始时间序列的随机性构建累加生成列、建立微分方程用最小二乘法得到 GM(1,1)模型数学表达式的系数、累减还原求得最终的预测值、残差检验等步骤得出表 5-6,得到的灰色 GM(1,1)模型为

$$y = 468.53 * \exp(0.039\ 477\ 3 * t) - 446.406$$

表 5-6　灰色 GM(1,1)模型原始值与预测值对比及相对误差

年份	y	yc	xdwe	年份	y	yc	xdwe
1998 年	22.124	22.124 0	0	2006 年	24.997	25.018 6	0.000 9
1999 年	20.048	18.622 5	0.071 1	2007 年	25.948	26.096 4	0.005 7
2000 年	19.666	19.424 8	0.012 3	2008 年	27.679	27.220 7	0.016 6
2001 年	20.161	20.261 6	0.005 0	2009 年	29.253	28.393 4	0.029 4
2002 年	20.818	21.134 5	0.015 2	2010 年	29.579	29.616 6	0.001 3
2003 年	21.614	22.015 0	0.019 9	2011 年	30.291	30.298 6	0.000 3
2004 年	22.270	22.994 7	0.032 5	2012 年	30.525	31.518 6	0.032 6
2005 年	22.974	23.985 3	0.044 0				

表中,y 表示原始数据、yc 表示预测数据、xdwc 表示相对残差。从表 5-6 可以看出,我们采用灰色预测 GM(1,1)模型预测结果与原始数据拟合程度是较为理想的。再通过计算相对残差的平均值可得 0.019 12,根据灰色预测模型判别标准可知,我们建立的该模型是可行的。通过差分运算,进行数据还原,即可得到 2013—2016 年江苏省农机总动力的预测值分别为 34.108 1,35.481 5,36.910 2,38.396 5。

4. 结论

（1）本研究通过对影响江苏省农机总动力发展的 8 个主要影响因素灰色关联分析得出它们与农机总动力的相关性排序从高到低为:政府的财政投入 x5、农村居民家庭人均纯收入 x3、农业技术人员人数 x7、农民受教育程度 x4、农村剩余劳动力转移率 x2、粮食单产 x6、粮食播种面积 x1、农村居民家庭恩格尔系数 x8。其中,政府的财政投入 x5、农村居民家庭人均纯收入 x3、农业技术人员人数 x7、农民受教育程度 x4 与农机总动力位于高相关度的前四位,而农村居民家庭恩格尔系数 x8 与农机总动力则呈现出低相关度。这与江苏省的实际情况有着较高的吻合度,说明政府需要进一步加大对农业机械化的资金投入,不断提高农民人均纯收入,加强农民和农村技术人员的教育和培训,只有这样才能进一步提高农业机械化程度,进而为提高农业生产力奠定基础。

（2）农机总动力作为衡量国家、省市地区的农机化发展水平主要指标,是有关决策部门制定农机化发展规划及农机生产企业制定产品结构调整方案的重要参考数据。本研究建立了江苏省农机总动力的灰色 GM(1,1)模型对未来进行了预测。实证分析结果表明:所建立的模型平均相对残差值为 0.019 12,达到了较高的精度,该模型对分析和解释江苏省农机总动力发展变化规律、趋势及其原因具有一定的参考价值。

（3）采用上述灰色系统理论对该问题进行分析，具有可有效克服其他方法在数据的数量上要求大数据样本量大，计算量常常流于烦琐，时常出现异常情况等问题，且易于计算机编程处理，因此，对农机总动力影响因素分析和预测方面具有较好的可行性。

本章参考文献

[1] 冯登国,张阳,张玉清.信息安全风险评估综述[J].北京:通信学报,2004,(7).

[2] 陈丹伟,黄秀丽,任勋益.云计算及安全分析[J].西安:计算机技术与发展,2010,(2).

[3] 蒋林涛.互联网与物联网[J].北京:电信工程技术与标准化,2010,(2).

[4] 臧劲松.物联网安全性能分析[J].北京:计算机安全,2010,(6).

[5] 何明,江俊,陈晓虎.物联网技术及其安全性研究[J],北京:计算机安全,2011,(4).

[6] 朱景锋.基于三角模糊 AHP 的物联网电子政务安全评价模型分析[J].北京:制造业自动化.2012,(7).

[7] 邓聚龙.灰色系统基本方法[M].武汉:华中科技大学出版社,2005.

[8] 罗党.灰色决策问题分析方法[M].北京:黄河水利出版社,2005.

[9] 余国新,程静.中国农机总动力预测分析—基于 ARIMA 模型[J],哈尔滨:农机化研究,2009,(2).

[10] 杨军强.中国农机总动力预测分析[J].长沙:湖南农机,2008,(11).

[11] 万立,邱娟,熊体,等.一种基于灰色关联度的产品服务关联度模型[J].北京:制造业自动化,2012,(12).

[12] 高洪波.灰色关联算法在物联网安全状态评估中的应用[J].北京:制造业自动化.2012,(11).

第6章　高斯—牛顿非线性
算法应用研究

6.1　线性与非线性回归

建立线性模型与非线性模型都属于回归分析的范畴,所谓回归分析法,就是在掌握大量观察数据的基础上,利用数理统计方法建立因变量与自变量之间的回归关系函数表达式(又称为回归方程)。在回归分析中,当研究的因果关系只涉及因变量和一个自变量时,称为一元回归分析;当研究的因果关系涉及因变量和两个或两个以上自变量时,称为多元回归分析。此外,在回归分析中,又依据描述自变量与因变量之间因果关系的函数表达式是线性的还是非线性的,分为线性回归分析和非线性回归分析,通常线性回归分析法是最基本的分析方法,非线性回归问题也可以借助数学手段化为线性回归问题来处理。

6.1.1　线性回归与非线性回归

在统计学中,线性回归(Linear Regression)是利用称为线性回归方程的最小平方函数对一个或多个自变量和因变量之间关系进行建模的一种回归分析,这种函数是一个或多个被称为回归系数的模型参数的线性组合。只有一个自变量的情况称为简单回归或一元回归,大于一个自变量情况的称为多元回归。非线性回归是回归函数具有非线性结构的回归,常用的处理方法有回归函数的线性迭代法、分段回归法、迭代最小二乘法等。如果回归模型的因变量是自变量的一次以上函数形式,回归结果在图形上表现为形态各异的各种曲线,称之为非线性回归,相应的模型称为非线性回归模型。在许多实际问题中,回归函数往往是较复杂的非线性函数,非线性函数的求解一般又可分为将非线性变换成线性的和不能变换成线性的两大类。

1. 非线性回归预测

非线性回归分析是线性回归分析的扩展。在现实社会经济生活中,很多现象之间的关系并不是线性关系,对这种类型现象的分析预测一般要应用非线性回归预测,通过变量代换,可以将很多的非线性回归转化为线性回归。因而,可以用线性回归方法解决非线性回归预测问题。

(以计量经济学为例)选择合适的曲线类型构建模型通常需要依靠专业知识和经验,常用的曲线类型有幂函数、指数函数、抛物线函数、对数函数等。线性回归模型分析的线性经济变量关系只是经济变量关系中的特例,现实中的多数经济变量关系是非线性的。对于无法通过初等数学变换转化为线性回归模型的非线性经济变量关系,必须直接用非线性变量关系进行分析。即使非线性变量关系可以通过初等数学变换转化为线性模型,也可能造成模型随机误差性质的改变,在这种情况下,直接用非线性模型进行分析比较有利。

非线性模型构建的基本思路与线性模型相似,仍然可以以回归分析为核心,称为"非线性回归分析"。对于非线性回归函数形式的确定,即在选择回归函数的具体形式应遵循以下三个方面的原则,即第一,函数形式应与相关基本理论相一致,即理论上应具有正确性和可行性。如在计量经济学中,生产函数通常采用幂函数的形式,成本函数常采用多项式方程的形式等。第二,回归方程应具有较高的拟合优度,来说明函数形式选取较为适当。第三,所得到的拟合回归函数在形式上要尽可能简单。

2. 非线性回归预测模型的种类

非线性回归预测模型有很多种,例如,对数曲线方程(LOG)、反函数曲线方程(INV)、二次曲线方程(抛物线)(QUA)、三次曲线方程(CUB)、复合曲线方程(COM)、幂函数曲线方程(POW)、S形曲线方程(S)、生长曲线方程(GRO)、指数曲线方程(EXP)与logistic曲线方程(LGS)等均为非线性回归方程。当然还有双曲线回归方程、超指数曲线方程等许多非线性回归方程。

3. 非线性问题线性化

处理可线性化的非线性回归的常用方法如下:首先通过变量变换,将非线性回归化为线性回归,然后用线性回归方法处理。假定根据理论或经验,已获得输出变量与输入变量之间的非线性表达式,但表达式的系数是未知的,要根据输入输出的 n 次观察结果,按最小二乘法原理来求出相关的系数值,得到所求的非线性回归模型。

在实际问题中,当变量之间的函数关系不是线性关系时,不能用线性回归方程描述它们之间的函数关系,需要进行非线性回归分析,然而,非线性回归方程一般很难求,因此,把非线性回归转化为线性回归是解决问题的好方法。

6.2　高斯—牛顿非线性算法模型

高斯—牛顿非线性模型采用的是高斯—牛顿迭代法,该法的基本思想是使用泰勒级数展开式去近似地代替非线性回归模型,然后通过多次迭代,多次修正回归系数,使回归系数不断逼近非线性回归模型的最佳回归系数,使原模型的残差平方和达到最小。该法基于非线性最小二乘法原理,即

一般地,设有测量数据

$$(t_i, y_i), i = 1, \cdots, m$$

并选择拟合曲线的模型为

$$y(t) = \Phi(t, x)$$

式中,参数 $x = (x_1, x_2, \cdots, x_n)^{\mathrm{T}} \in R^n, n < m, y(t)$ 是 x 的非线性函数。按最小二乘原理,选择 $y(t)$ 中的参数,使得 $y(t)$ 在离散点处与测得的函数值的差的平方和最小。

高斯—牛顿迭代法具有收敛快,精确度高等优点,通常二次迭代能使精确度高达99.97%。理论上可以证明高斯—牛顿迭代法经过数次迭代后,估计回归系数将逼近最佳的待估回归系数,使残差平方和达到最小。其缺陷是计算量较大,但随着计算机技术的迅猛发展,计算量大的弊病得到了有效的解决。另外,经研究发现,采用下降法进行迭代,即使用高斯—牛顿下降法,既有牛顿法收敛快的优点,计算量又可大幅度下降。

6.3 基于高斯—牛顿法的 丹江口水库泥沙预报模型研究

1. 问题的提出及意义

丹江口工程于 1958 年 9 月动工兴建,1967 年 11 月下闸蓄水,1968 年 10 月第一台机组发电,1973 年年底全面建成。其枢纽工程建在丹江和汉江两条河流的交汇处,拦截了丹江和汉江两大水系,库区面积 800 余平方千米,蓄水达 174 亿立方米,目前为亚洲水面面积最大的水库。从 1968 年到现在的 30 多年中,丹江口工程在防洪、发电、灌溉、航运、水产养殖诸方面都发挥了巨大作用。丹江口水库是我国水质最好的大型水库之一,这是南水北调中线工程把丹江口作为取水源头的重要原因之一。但丹江口水库属入库水量大,沙量较多的蓄水型高坝水库。由实测资料可知,水库蓄水后有 98% 的来沙被拦蓄在库内。水库淤积后,不仅使有效库容和防洪库容损失明显,而且影响其综合效益的发挥。库区泥沙淤积和变动回水区航道淤积是对保持长期有效库容和航运效益的最大挑战,任其继续发展,在不久的将来丹江口水库会成为一座堆满淤积的死库,到那时,将会给江汉流域乃至全国带来不可估计的损失。另外,回水上延,可能引起城市、农田的淹没,在一定的程度上会加速水库水质的污染等负面的影响。因此预报水库泥沙淤积量,从而实施优化调度,合理安排库容和控制淤积,使其综合作用得到长期有效的发挥有着重要的意义。综上所述,及时掌握水库泥沙淤积情况,进而及时掌握水库库容及相关水文资料等,对已经实施的南水北调有着重大的意义。作为南水北调取水源头,及时掌握丹江口水库库容情况,建立丹江口水库泥沙调度预报的数学模型是非常重要的,本研究在充分实地调研的基础上,根据搜集到最近 50 年以来丹江口水库泥沙的淤积量,通过反复的分析和对比,最终采用基于高斯—牛顿下降法构建了水库的淤积量 $W(t)$ 与年数 t 之间非线性拟合的数学模型,目的是为决策者提供及时而准确的泥沙调度决策依据。

2. 国内外水库泥沙淤积预报的现状分析

关于水库泥沙淤积量的预估,过去曾经有过不少经验公式,其中具有代表性的公式,如 20 世纪 30 年代奥尔特公式、70 年代由不平衡输沙理论推出的韩其为公式等。另外,还有拉普善可夫方法,但这些公式均存在运算量大,较烦琐且有些系数的确定带有经验性等问题。

水库泥沙淤积量通常是用淤积速率来描述的,而淤积速率对于水库是一个重要指标值,它是依据淤积量来计算和度量的。在水库规划设计中,淤积速率对水库的死库容留置和水库极限寿命的计算起决定作用。而在规划中,往往因为实测资料的不足,导致所计算的淤积速率与水库蓄水后的实际淤积速率有较大的差值。丹江口水库到 2013 年设计泥沙总淤积量为 20.5 亿立方米,而水库蓄水运行到 2004 年的实际淤积量已为 20 亿立方米。丹江口水库实际淤积速率与设计淤积速率所存在的较大差值,已影响到人们对丹江口水库泥沙淤积的正确认识。因此,为了使掌握了解泥沙淤积真实的发展状况和正确指导泥沙淤积的调度决策,依据已有的近 50 年的实测资料对淤积速率进行修正就显得十分必要。事实上,我们可根据已收集的丹江口水库泥沙淤积量的实测资料,用基于高斯—牛顿下降法来对水库淤积量 $W(t)$ 进行非线性拟合,从而构建泥沙淤积量 $W(t)$ 与年数 t 之间的数学模型,为水库淤积泥沙的科学调度提供决策依据。

3. 基于高斯—牛顿法的丹江口水库泥沙淤积量预报数学模型的建立

（1）水库泥沙淤积量 $W(t)$ 曲线拟合非线性模型的确定

对于离散数据的曲线拟合，无论是采用线性模型还是非线性模型，都是按最小二乘原理进行的。在曲线拟合中究竟是采取线性的还是非线性模型，要依据问题的实际情况而定。对于水库泥沙淤积量 $W(t)$ 曲线拟合问题，依据水库泥沙淤积的客观规律可知，在水库建成初期泥沙淤积的速率较快，呈随年数 t 的递增而递增的趋势[1-2]。然后随着时间的推移，水库的淤积会进入一个相对平衡甚至终止的状态，当然，相对平衡过程一般很长，即淤泥量不会随年数的增大而无限增大，泥沙淤积曲线 $W(t)$ 应大体呈单调增加且上凸的指数函数形态，并且当 t 增大到一定程度后，$W(t)$ 将趋于某个常数。下面以实测的丹江口水库蓄水后汉江库区淤积量统计数据为例如表 6-1 所示[3]。

表 6-1　丹江口水库蓄水后汉江库区淤积量统计数据　　　　　　　　单位：$10^4 m^3$

TJSD	1 968.4 −1 968.12	1 968.12 −1 969.12	1 969.12 −1 971.2	1 971.2 −1 972.2	1 972.2 −1 973.11
ZHNS(ti)	0.67	1.67	2.83	3.83	4.58
ZYJL(Vi)	0.615 51	0.714 48	1.610 65	0.494 91	0.465 35
LJL(Wi)	1.848 8	2.563 28	4.173 93	4.668 84	5.134 19
TJSD	1 973.11 −1 974.12	1 974.12 −1 979.12	1 979.12 −1 981.1	1 981.1 −1 981.11	1 981.12 −1 986.1
ZHNS(ti)	5.67	10.67	11.75	12.58	16.75
ZYJL(Vi)	0.464 67	1.923 57	0.706 24	0.723 6	1.999 93
LJL(Wi)	5.598 86	7.522 43	8.228 67	8.952 27	10.952 2

注：① 折合年数以 1968 年 4 月起算。

② TJSD 表示统计时段；ZHNS 表示折合年数；ZYJL 表示统计时段内总淤积量；LJL 累计淤积量，各折合年数对应的累计淤积量 $W_i = 1.237\ 29 + V_i$，其中，1.237 29 为汉江库区 1960 年 4 月至 1968 年 4 月滞洪期总淤积量。

通过以年数 t_i 为横轴，以淤积量 W_i 为纵轴绘图可以看出淤积总量与年数间关系与上述的讨论是相吻合的。因此，我们可以构造如下非线性模型来对 $W(t)$ 曲线进行拟合：

$$W(t) = x_1 e^{x_2/t} + x_3 t + x_4$$

式中，x_1, x_2, x_3, x_4 转化为下述非线性无条件极值问题：

$$\min f(x_1, x_2, x_3, x_4) = \sum_{i=0}^{10} \left[W_i(t_i) - w_i \right]^2$$

由上述讨论可知，用高斯—牛顿下降法求解上式这一非线性无条件极值问题虽然是解决问题的有效途径，但人工计算的工作量较大且烦琐、易出错，我们可借助在科学和工程计算方面功能强大的 MATLAB 软件所提供的 CURVEFIT 函数来解决。

（2）基于 MATLAB 的 CURVEFIT 方法泥沙淤积预测模型的实现

CURVERIT 函数功能可以实现用高斯—牛顿法求解非线性最小二乘问题，其形式为

$$x = curvefit('fun', x0, xdata, ydata)$$

即以 x0 为初值，寻找非线性方程 fun(x,xdata) 对数据 ydata 的最小二乘最佳系数 x，这

里 x 为非线性函数中待定系数所组成的向量。xdata,ydata 是已知的用来拟合的两组数据所组成的两个向量。

① 首先根据确定的非线性函数模型建立一个函数式文件 fun. m

$$\text{function}\quad y=fun(x,xdata)$$

② 分别用表 6-1 中的年数 ti 和淤积量 Wi 作为向量 xdata,ydata 赋值

③ 为 x 赋初值

$$x0=[0\ 0\ 0\ 0];$$

④ 利用高斯—牛顿法确定待定系数 x1,x2,x3,x4;

$$x=[x1,x2,x3,x4]=curvefit('fun',x0,xdata,ydata)$$

运行程序,得到结果为

x=[2.470 078 852 244 25,−1.566 130 622 457 15,0.429 067 541 826 345,

1.256 190 154 144 02]

从而得到丹江口水库泥沙淤积量 W(t)非线性拟合函数为

W(t)=2.470 078 852 244 25 $e^{(-1.566\ 130\ 622\ 457\ 15/t)}$ +0.429 067 541 826 345t+

1.256 190 154 144 02

4. 非线性拟合结果的验证

现将实测数据与拟合结果列表验证对比,如表 6-2 所示。

表 6-2 实测数据与拟合结果验证对比

NS	0.67	1.67	2.83	3.83	4.58
SCYJL	1.848 8	2.563 28	4.173 93	4.668 84	5.134 19
NHSDYJL	1.778 00	2.936 4	3.893 08	4.542 59	4.977 89
XDWC	0.038	0.14	0.06	0.02	0.03
NS	5.67	10.67	11.75	12.58	16.75
SCYJL	5.598 86	7.522 43	8.228 67	8.952 27	10.952 2
NHSDYJL	5.561 20	7.965 69	8.459 58	8.836 30	10.692 67
XDWC	0.006	−0.05	−0.02	0.012	0.023

注:NS 表示年数,SCYJL 表示实测淤积量,NHSDYJL 表示拟合所得淤积量,XDWC 表示相对误差。

由表 6-2 可知,拟合所得的淤积量与实测淤积量有着较高的吻合度。相对误差除个别外非常小,再一次说明我们选定的非线性模型是合理的,采用的方法是可行的。

5. 结语

预报水库泥沙淤积量 $W(t)$,对水库合理调度,使其发挥应有的综合效益有着重要的意义。本研究利用高斯—牛顿法对水库泥沙淤积量 $W(t)$的非线性拟合进行了探讨,并以丹江口水库泥沙淤积量 $W(t)$预测为例,依据汉江的实测统计资料,阐述了基于高斯—牛顿法非线性拟合的方法和步骤。从上述丹江口水库的泥沙淤积量非线性拟合的实际算法可以看出,用所得的非线性拟合函数预测的结果与实测的结果非常接近,这说明本研究提出的方法是行之有效的。值得注意的是,由于实测资料系列长度的局限,所得的模型在一定程度上与实际情况会产生偏差,从而导致预测的误差增大。但可以肯定,随着实测资料的进一步收

集,本研究提出非线性拟合函数与实际情况会较好地吻合,预测的误差也会逐步地减少,此法也同样可推广应用于其他水库泥沙淤积量的预测。

6.4　基于高斯—牛顿法的远程教育学习兴趣趋避度模型研究

1. 引言

当今社会已经进入知识经济时代,知识空前繁荣,正以几何级数的爆炸形式递增,根据联合国教科文组织的一份统计资料显示,人类近 30 年来积累的科学知识总量是有史以来(时间按公元后来计)积累的科学知识的 90%,换言之,人类的知识在过去的 19 世纪每 50 年增长一倍,20 世纪是每 10 年增加一倍,而到了 21 世纪则是大约 3 年增长一倍。人类已进入了终身学习社会,对每个人来说,包括接受大学在内的各类学校教育完成后,人们越来越感觉到所掌握和习得的知识已不能满足现实工作、生活、学习的需要,终身学习和终身教育的理念越来越被人们所接受。巨大的学习需求单单依靠传统的教育机构是不可能完成的,传统的教育受到了时间和空间以及人力、物力的限制,已越来越难以满足学习化社会的要求。在这样的前提下,远程教育应运而生,现代远程教育的突出特点是:教师的讲授和学生的学习可以在不同地点、不同时间同时进行,不受时空的限制等优点。对于学生来说,可根据自己的需要自主地安排学习时间、学习进度、学习内容和学习地点,所谓获得学习机会和资源可以是任何人、任何时间、任何地点、任何内容。现代远程教育有利于受教育者的个体化学习,它以学生为主体,充分调动和发挥学生自主学习的主动性、积极性。正由于现代远程教育具有的这些特点,使其具有强大的生命力,

远程教育发展到今天,在为满足人们日益增长的学习需求和构建学习型社会做出巨大贡献的同时,我们也应看到也存在着许多亟待解决的问题。远程教育区别于传统教育的基本特征是学生和教师分离、学生间的分离等,这导致了远程教育中教师与学生不能面对面的情感交流,面部表情、语音、语调及肢体语言等教师在传统教学中常用的对学生学习产生较大影响的情感信息在数字化的传输过程中难以避免的被丢失。情感信息的缺失导致师生间的情感交流难以实施,对学生而言,学生难以感受到教师的关怀,容易产生迷茫、懈怠的情绪。对教师而言,则难以察觉学生对知识学习的感受和体会,无法根据学生在学习中存在的问题及时调整教学策略,难以有效控制学生学习的进程。针对远程教育中上述的情感缺失问题,迄今已有许多专家学者研究和尝试了一些解决方案,取得了一些成绩。如何对远程教育中情感进行计算和分析是影响到远程教育效果的决定性因素,已成为当前远程教育亟待解决的关键性问题之一,而要解决该问题,学生情感特征的提取和情绪模型的构建首当其冲,其中学生学习兴趣趋避度是描述学生情感特征的主要指标之一。

2. 远程教育学习兴趣趋避度

基于情绪式提取学习者情感特征的主要指标通常有两个,即趋避度和关注度,其中趋避度的计算方法和原理是:通过对学生面部的检测,来判断学习者在学习过程中对当前学习内容的趋避程度。相对于正常的状态,当检测到学生面部轮廓变大时,表明学生学习过程中身体向前倾斜,学生对当前学习内容很感兴趣,此时趋避度的值变大;当检测到学生面部轮廓

变小时,表明学生在学习过程中身体后仰或往后躲避,表明学生对当前的学习内容不感兴趣甚至有些厌倦情绪,趋避度的值变小。用趋避度来度量学生学习情绪特征的优势不言而喻,已有学者在其论著中进行了较为详尽的阐述,这种方式的优越性在于趋避度更具有生物学的特征,所有生物对于环境的反应行为都可以用它来度量和表示。

3. 高斯—牛顿法概述

(1) 非线性最小二乘原理及解法

一般地,设有测量数据

$$(t_i, y_i), i = 1, \cdots, m;$$

并选择拟合曲线的模型为

$$y(t) = \Phi(t; x)$$

式中,参数 $x = (x_1, x_2, \cdots, x_n)^{\mathrm{T}} \in R^n, n < m, y(t)$ 是 x 的非线性函数。按最小二乘原理,选择 $y(t)$ 中的参数,使得 $y(t)$ 在离散点处与测得函数的差的平方和最小。x 是问题

$$\min f(x) = \sum_{i=1}^{m} [y(t_i) - y_i]^2 = \sum_{i=1}^{m} [\Phi(t_i; x) - y_i]^2 \tag{1}$$

的解。若记

$$\Phi_i(x) = \Phi(t_i; x) - y_i, i = 1, 2, \cdots, m;$$
$$F(x) = [\Phi_1(x), \Phi_2(x), \cdots, \Phi_m(x)]^{\mathrm{T}}$$

则(1)可写成

$$\min f(x) = (1/2) \sum_{i=1}^{m} [\Phi_i(x)]^2 = (1/2)(F(x))^{\mathrm{T}} F(x) \tag{2}$$

$f(x)$ 是向量函数,得出的是个 $n \times n$ 的矩阵向量。其中,添加系数 $1/2$ 仅仅为了计算方便,对极值问题解没有影响。我们称(2)式为非线性最小二乘法问题。

(2) 非线性最小二乘问题的高斯—牛顿解法

高斯—牛顿法是牛顿法的变形,它既有牛顿法收敛快的优点,计算量又比牛顿法小得多。其推导过程如下。

记向量值函数 $F(x)$ 的 Jacobi 矩阵为 $F'(x)$,从而函数 $f(x)$ 梯度

$$\nabla f(x) = (F'(x))^{\mathrm{T}} F(x)$$

为了构造求解该方程的迭代法,在迭代处 x^k 处,取 $F(x)$ 的一次近似

$$F(x) \approx F(x^k) + F'(x^k)(x - x^k)$$

并取 $F'(x) = F'(x^k)$。把它们代入 $\nabla f(x) = 0$,得方程

$$F'(x^k)^{\mathrm{T}} [F(x^k) + F'(x^k)(x - x^k)] = 0$$

从中解出 x,作为下一次迭代值,即得迭代法

$$x^{k+1} = x^k - [(F'(x^k))^{\mathrm{T}} F'(x^k)]^{-1} F'(x^k)^{\mathrm{T}} F(x^k)$$

称之为高斯—牛顿法。

在具体的求解时,由于高斯—牛顿法的缺点是收敛域比较小,因此,通常使用下降法进行迭代,称之为高斯—牛顿下降法。

4. 趋避度模型构建

(1) 现有的趋避度建模方法概述[4]

王志良在 E-Learning 课题中为了获取学习者对学习内容的感兴趣程度的情感识别结

果,从基于人脸的趋避度检测入手,采用多项式拟合和归一化方法构建了基于趋避度模型,其主要方法[5-8]如下所述。

① 选取若干名学生进行数据采集,即对每位参与实验的学生都要求在某一特定的位置正对摄像头,针对学生端坐的远近位置的不同,连续对每个学生拍摄 30~50 张图片,然后对图片进行筛选,得到最终用来分析的 20~30 张样本图片。

② 根据得到的图片检测和计算有关数据。其中定义人脸检测宽度为 Xb,人脸检测高度为 Xa,除了记录大致距离(cm)、人脸检测宽度(cm)、人脸检测高度(cm)、人脸检测面积(cm²)外,计算人脸的高宽比及预定义的兴趣值。

③ 用曲线拟合的方法或归一化思想来实现趋避度的建模。

比较上面采用的两种方法,这两种方法得到的模型都可较好的贴近原始离散的测量数据,但从算法的速度和效率方面考虑,还可采用本文的高斯—牛顿法同样也能得到较为理想的趋避度模型。

(2)基于高斯—牛顿算法的学习兴趣值趋避度模型构建

下面以王志良课题组所测得数据为例,即采用表 6-3 中趋避度检测样本数据,给出基于高斯—牛顿法趋避度模型构建步骤如下。

表 6-3　趋避度检测样本数据

大致距离	人脸检测宽度	人脸检测高度	高宽纵横比	检测得到的面积	预定义的兴趣值
1.2	1.5	2.40	0.62	3.60	0.00
1.2	1.5	2.50	0.60	3.75	0.10
	1.6	2.40	0.67	3.84	0.15
	1.7	2.55	0.67	4.34	0.20
	1.8	2.75	0.65	4.95	0.20
	1.9	2.90	0.66	5.51	0.25
	2.0	2.95	0.68	5.90	0.30
	2.0	3.10	0.65	6.20	0.35
	2.0	2.70	0.74	5.40	0.30
	2.2	3.20	0.66	6.72	0.40
	2.5	3.80	0.66	9.50	0.50
	2.6	4.00	0.65	10.40	0.55
	2.8	4.10	0.68	11.48	0.60
	3.1	4.70	0.66	14.57	0.70
0.6	3.2	4.40	0.73	14.08	0.70
	3.5	5.15	0.68	18.025	0.75
	4.0	5.60	0.71	22.40	0.85
	4.2	5.90	0.71	24.78	0.90
	4.15	5.90	0.70	24.485	0.90
	4.4	6.00	0.73	26.40	0.95

续表

大致距离	人脸检测宽度	人脸检测高度	高宽纵横比	检测得到的面积	预定义的兴趣值
	4.3	6.00	0.72	25.80	0.90
	4.9	6.50	0.75	31.85	1.00
	5.0	6.50	0.77	32.50	1.00
0.2	5.2	6.50	0.80	33.80	1.00

① 绘制图形。根据表6-3中的检测数据和实际情况,检测得到的人脸面积与兴趣值之间应该具有一定程度的关联,现以检测得到的人脸面积值与其相应的兴趣值分别为横坐标 xdata 和纵坐标 ydata 绘制图形如图6-1所示。

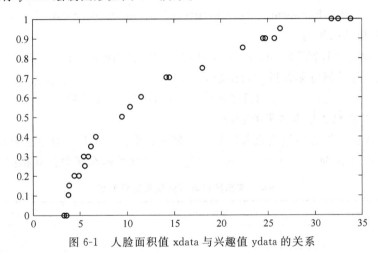

图 6-1　人脸面积值 xdata 与兴趣值 ydata 的关系

② 关联分析。由图6-1可以看出,人脸面积值 xdata 与兴趣值 ydata 的关系呈现出开始上升较快,而随后逐渐趋于平缓,这是典型的非线性关系,我们可以构造如下的非线性模型来对其进行拟合。

$$y(t) = x_1 \mathrm{e}^{(x_2/t)} + x_5 t + x_4$$

式中,y 为兴趣值,t 为人脸面积。x_1, x_2, x_3, x_4 转化为下述非线性无条件极值问题

$$\min f(x_1, x_2, x_3, x_4) = \sum_{i=1}^{n} \left[y(t_i) - y_i \right]^2$$

$$\min f(x_1, x_2, x_3, x_4) = \sum_{i=1}^{n} \left[x_1 \mathrm{e}^{(x_2/t)} + x_5 t + x_4 - (s_i) \right]^2$$

由上述讨论可知,用高斯—牛顿下降法求解上式这一非线性无条件极值问题虽然是解决问题的有效途径,但人工计算的工作量大且烦琐易出错,我们可借助在科学和工程计算方面功能强大的 MATLAB 7.X 所提供的 lsqcurvefit 函数来解决。lsqcurvefit 函数可以实现最小二乘曲线拟合,方法是先确定非线性拟合函数的形式,然后调用来求出预设拟合函数中待定参数。

（3）基于高斯—牛顿算法趋避度模型的实现

lsqcurvefit 函数功能是按高斯—牛顿法求解非线性最小二乘问题的函数,其一般形式为

$$[\mathrm{x}, \mathrm{Resnorm}] = \mathrm{lsqcurvefit}(@\mathrm{func}, \mathrm{x0}, \mathrm{xdata}, \mathrm{ydata})$$

即以 x0 为初值,寻找非线性函数 func(x,xdata)对数据 ydata 的最小二乘拟合的最佳系数 x,这里 x 为非线性函数中待定系数所组成的向量。xdata,ydata 是已知的用来拟合的两组数据所组成的两个向量。Resnorm 的含义是残差的平方和,是一个用来衡量拟合精度的指标,其值越小,说明拟合的程度越好。

① 首先根据确定的非线性函数模型建立一个函数式文件 fun.m;

$$\text{function} \quad y = func(x, xdata)$$

$$y = x(1) * (exp(-(x(2)))./xdata + x(3) * xdata + x(4);$$

② 分别用表 6-3 中的检测到的人脸面积 ti 和兴趣值 si 为向量 xdata,ydata 赋值;

③ 为 x0 赋初值,这里 x0=[0 0 0 0];

④ 利用高斯—牛顿法确定待定系数 x1,x2,x3,x4;

$$[x, Resnorm] = lsqcurvefit(@func, x0, xdata, ydata)$$

运行程序,得到结果为

$$x = [-1.2579 -0.5997 0.0138 0.6370] \quad Resnorm = 0.0182$$

从而得到兴趣趋避度非线性拟合函数为

$$y(t) = -1.2579 \, e^{(0.5997/t)} + 0.0138t + 0.6370$$

5. 高斯—牛顿算法拟合结果的验证

现将实测数据与拟合结果列表验证对比如表 6-4 所示。其方法为用检测到的人脸面积 $t_i (i = 1, 2, \cdots, 25)$ 作为自变量代入上述兴趣趋避度非线性拟合函数计算相应的兴趣度值。

表 6-4　实测数据与拟合结果验证对比

测得的人脸面积/cm²	预定义的兴趣值	模型所得到的值
3.6	0.00	0.050 2
3.75	0.10	0.077 7
3.84	0.15	0.093 3
4.335	0.20	0.168 3
4.98	0.20	0.242 4
5.51	0.25	0.297 2
3.30	0.00	−0.011 8
5.90	0.30	0.330 1
6.20	0.35	0.353 0
5.40	0.30	0.287 2
6.72	0.40	0.388 8
9.50	0.50	0.526 9
10.40	0.55	0.560 2
11.48	0.60	0.595 8
14.57	0.70	0.680 8

测得的人脸面积/cm²	预定义的兴趣值	模型所得到的值
14.08	0.70	0.668 6
18.025	0.75	0.758 6
22.40	0.85	0.843 8
24.78	0.90	0.886 5
24.485	0.90	0.881 3
26.40	0.95	0.914 5
25.80	0.90	0.904 2
31.85	1	1.004 6
32.50	1	1.015 0
33.80	1	1.035 6

由表 6-4 可以看出，拟合所得的值与实测兴趣值是非常吻合的，误差相当小，说明我们选用的高斯—牛顿算法来构建学生学习兴趣趋避度模型是合理的，采用的方法是可行的。下面用 MATLAB 的 plot 作图函数将两者放在同一个二维坐标中，进一步说明了我们采用的拟合法是精确和行之有效的。图 6-2 圆圈标注的是实测数据点，星号标注的是基于高斯—牛顿法拟合得到的数据点。

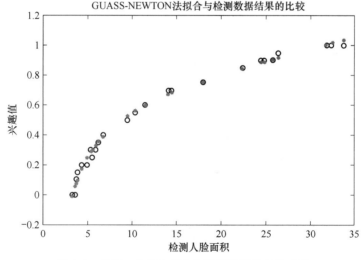

图 6-2　高斯—牛顿法拟合与检测数据结果的比较

6. 结语

远程教育发展到今天如何保证其可持续健康地发展是人们日益关注的问题，学习兴趣趋避度是学生情感特征的主要指标之一，通过远程教育学习兴趣趋避度模型的构建，可以使教师及时掌握远程教育中学生学习的实际情况，从而采取富有针对性的教学策略，解决远程教育中的情感缺失的问题。本研究基于高斯—牛顿法探讨了一种远程教育学习兴趣趋避度模型，通过实证分析表明，该算法得到的远程教育学习兴趣趋避度模型贴近实际情况且拟合精度高、误差小,不失为一种合理而高效的学习兴趣趋避度算法,对促进远程教育发展有一定的借鉴意义。

本章参考文献

[1] 韩其为.河床演变中的几个问题[M].北京:地震出版社,1995.

[2] 韩其为.何明民.泥沙运动起动规律及起动流速[M].北京:科学出版社,1999.

[3] 中国水利学会泥沙专业委员会.泥沙手册[M].北京:中国环境科学出版社,1992.

[4] 解迎刚,王志良.远程教育中情感计算技术[M].北京:机械工业出版社,2011.

[5] 周杰,卢春雨.人脸自动识别技术综述[J].北京:电子学报,2000,28(4).

[6] 何国辉,甘俊英.人机自然交互中多生物特征融合与识别[J].北京:计算机工程与设计,2006,(27).

[7] 赵丽红,刘纪红,徐心和.人脸检测方法综述[J].成都:计算机应用研究,2004,(9).

[8] 谭昌彬,李一民.基于EHMM的人脸识别[J].昆明:云南民族大学学报:自然科学版,2006,(4).

第7章 时间序列分析算法应用研究

7.1 关于时间序列模型的基本理论

7.1.1 概述

随机时间序列模型识别、参数估计和诊断检验的建模方法是由美国著名统计学家博克斯(Box)和英国的詹金斯(Jenkins)于1968年提出的,并于1970年出版了《时间序列分析——预测与控制》一书,该书对时间序列的理论分析和应用做了系统的论述。因此,时间序列建模方法被称为博克斯——詹金斯方法(Box-Jenkins Methods),简称 B-J 方法,该法在经济、商业预测和分析等领域已被广泛应用。时间序列的基本特征是其数值依时间的变化而起伏交替,时间顺序性是时间序列的重要特点,这种顺序性不是任意的排列,而是具有一定的逻辑上的内在意义。正是由于时间序列的这种特殊性质,使得时间序列建模方法区别于结构建模法。以计量经济学为例,在构建时间序列模型时,不以经济理论作为构建模型的基础,不考虑被研究变量以外的任何其他变量,而是依靠被研究变量本身的外推机制描述经济变量的变化。通常情况下,传统计量经济学在研究经济时间序列时,假定经济数据和产生这些数据的随机过程是零均值的平稳过程,即要求过程的随机性质具有时间上的不变性,在图形上表现为所有的样本点皆在某一水平线上下随机地波动,并在此基础上进行参数估计和假设检验。但现实中许多经济时间序列不具备平稳过程的特征,此时如果采用时间序列建立经济模型,就会出现虚假回归问题,这是因为当经济过程非平稳时,其回归拟合系数在不同的时序条件下具有不同的分布。因此,在对非平稳时间序列进行分析前,首先要将其转化为具有平稳过程的时间序列,通常是对该非平稳时序数据进行差分变换、对数变换或两者同时使用,使其转变为平稳过程。

7.1.2 时间序列模型的建立

对于平稳性随机过程的描述,可以建立 AR、MA、和 ARMA 模型以刻画时序变量的表现形式。若时序为 ARMA(p,q)过程,则其原始的时间序列为 ARIMA(p,d,q)过程,通常称之为自回归求积移动平均时间序列。在对时间序列运用 B-J 方法建模时,一般是利用样本的自相关函数与偏自相关函数的形状,来对时序模型做出最初的判断。如果自相关函数图为指数衰减,偏相关函数图在 p 步以后截尾,则此种时间序列模型为 p 阶自回归模型;如果自相关函数图具有 q 步以后截尾,偏相关函数图为指数衰减,则此种时间序列模型为 q 阶移动平均模型;若序列的自相关函数、偏相关函数都是拖尾的,则可判定该序列为 AR-MA 序列,模型的阶次 p,q 则应采用最佳准则函数法来进行定阶,通常可选择最小 AIC

准则作为定阶准则,从低阶到高阶对 p,q 的不同取值分别建立模型,并进行参数估计,比较各模型的 AIC 值,使其达到极小的模型就确定为最佳模型。在确定模型的阶数后,进一步要对模型进行估计,以计算模型的未知参数,可选择矩估计法、最小二乘法等方法来估算参数。

　　建立起时间序列模型后,为了验证其准确性需要检验,即检验所建立的时间序列模型是否合理,需要检验被估模型的残差序列是否为白噪声序列。如果是白噪声,说明模型准确刻画了时间序列过程,以上所确定的模型是合理的;否则要重新进行模型识别,并估计新的模型。

　　综上所述,时间序列模型的预测 B-J 方法采用 L 步预测,即根据已知 n 个时刻的序列观察值对未来的 $n+L$ 个时刻的序列值做出估计,通常采用最小方差预测,目的是使预测误差的方差达到最小。在运用 B-J 方法进行时间序列预测时,一般可以按以下步骤进行。

　　(1) 时序特征分析。建立 ARMA 模型,分析样本数据的性质,以判断其是否满足协方差平稳性假设,否则需要进行必要的数据变换;若时间序列包含季节性因素,须采取适当的方法消除季节性影响。

　　(2) 模型识别与估计。对序列是否适合 ARMA(p,q) 模型进行识别,并确定适宜的阶数 p、q,然后估计模型的相关参数。

　　(3) 诊断分析。证实所得模型是否与实际的数据特征相符,通常采用汉密尔顿法。

7.2　常见的时间序列模型分析

7.2.1　时间序列模型的分类

　　时间序列是按时间顺序排列的、随时间变化且相互关联的数据序列,分析时间序列的方法是数据分析的一个重要领域。

　　时间序列根据所研究的依据不同,通常有不同的分类。例如:

　　(1) 按所研究的对象多少来分,有一元时间序列和多元时间序列。

　　(2) 按时间的连续性来分,可将时间序列分为离散时间序列和连续时间序列两种。

　　(3) 按序列的统计特性来分,有平稳时间序列和非平稳时间序列。

　　如果一个时间序列的概率分布与时间 t 无关,则称该序列为严格的(狭义的)平稳时间序列。如果序列的一、二阶矩存在,而且对任意时刻 t 满足:均值为常数且协方差为时间间隔 τ 的函数,则称该序列为宽平稳时间序列,也称为广义平稳时间序列。

　　(4) 按时间序列的分布规律来分,有高斯型时间序列和非高斯型时间序列。

7.2.2　常见的时间序列模型概述

1. 移动平均法

　　移动平均法是根据时间序列资料逐渐推移,依次计算包含一定项数的时序平均数,以反映长期趋势的方法。当时间序列的数值由于受周期变动和不规则变动的影响,起伏较大,不易显示出发展趋势时,可用移动平均法。常用的移动平均法有简单移动平均法、加权移动平均法、趋势移动平均法等。

（1）简单移动平均法

设观测序列为 $y_1,\cdots,y_T$，取移动平均的项数 $N<T$，一次简单移动平均值计算公式为

$$M_t^{(1)} = \frac{1}{N}(y_t + y_{t-1} + \cdots + y_{t-N+1})$$

$$= \frac{1}{N}(y_{t-1} + \cdots + y_{t-N}) + \frac{1}{N}(y_t - y_{t-N}) = M_{t-1}^{(1)} + \frac{1}{N}(y_t - y_{t-N})$$

当预测目标的基本趋势是在某一水平上下波动时，可用一次简单移动平均方法建立预测模型：

$$\hat{y}_{t+1} = M_t^{(1)} = \frac{1}{N}(y_t + \cdots + y_{t-N+1}), t = N, N+1, \cdots, T$$

其预测标准误差为

$$S = \sqrt{\frac{\sum\limits_{t=N+1}^{T}(\hat{y}_t - y_t)^2}{T - N}}$$

以最近 N 期序列值的平均值作为未来各期的预测结果。一般 N 取值范围：$5 \leqslant N \leqslant 200$。当时间序列的基本趋势变化不大且序列中随机变动成分较多时，N 的取值应较大一些，否则 N 的取值应小一些。在有确定的季节变动周期的资料中，移动平均的项数应取周期长度。选择最佳 N 值的一个有效方法是，比较若干模型的预测误差，预测标准误差最小者为最优。

（2）加权移动平均法

在简单移动平均公式中，每期数据在求平均时的作用是等同的。但是，每期数据所包含的信息量不一样，近期数据包含着更多关于未来情况的信息。因此，把各期数据等同看待是不尽合理的，应考虑各期数据的重要性，对近期数据给予较大的权重，这就是加权移动平均法的基本思想。设时间序列为 $y_1, y_2, \cdots, y_t, \cdots$，加权移动平均公式为

$$M_{tw} = \frac{w_1 y_1 + w_2 y_2 + \cdots + w_N y_{t-N+1}}{w_1 + w_2 + \cdots + w_N}, t \geqslant N$$

式中，M_{tw} 为 t 期加权移动平均数；w_i 为 y_{t-i+1} 的权数，它体现了相应的 y_t 在加权平均数中的重要性。利用加权移动平均数来做预测，其预测公式为

$$\hat{y}_{t+1} = M_{tw}$$

即以第 t 期加权移动平均数作为第 $t+1$ 期的预测值。

（3）趋势移动平均法

简单移动平均法和加权移动平均法在时间序列没有明显的趋势变动时，能够较为准确反映实际情况。但当时间序列出现直线增加或减少的变动趋势时，用简单移动平均法和加权移动平均法来预测就会出现滞后偏差，此时，需要进行修正。修正的方法是作二次移动平均，利用移动平均滞后偏差的规律来建立直线趋势的预测模型，这种方法称为趋势移动平均法。

一次移动的平均数为

$$M_t^{(1)} = \frac{1}{N}(y_t + y_{t-1} + \cdots + y_{t-N+1})$$

在一次移动平均的基础上再进行一次移动平均就是二次移动平均,其计算公式为

$$M_t^{(2)} = \frac{1}{N}(M_t^{(1)} + \cdots + M_{t-N+1}^{(1)}) = M_{t-1}^{(2)} + \frac{1}{N}(M_t^{(1)} - M_{t-N}^{(1)})$$

另外,还可利用移动平均的滞后偏差建立直线趋势预测模型。

2. 指数平滑法

一次移动平均实际上认为近 N 期数据对未来值影响相同,加权均为 $\frac{1}{N}$; N 期以前的数据对未来值没有影响,加权为 0。而二次及更高次移动平均的权数却不是 $\frac{1}{N}$,且次数越高,权数的结构越复杂。保持对称权数的做法,即两端项权数小,中间项权数大,通常不符合一般系统的动态性。一般来说,历史数据对未来值的影响是随时间间隔的增长而递减的。所以,更切合实际的方法应是对各期观测值依时间顺序进行加权平均作为预测值,指数平滑法可满足这一要求,而且具有简单的递推形式。指数平滑法根据平滑次数的不同,又分为一次指数平滑法、二次指数平滑法和三次指数平滑法。

(1)一次指数平滑法

1)定义

设时间序列为 $y_1, y_2, \cdots, y_t, \cdots$, α 为加权系数,$0 < \alpha < 1$,一次指数平滑公式为

$$S_t^{(1)} = \alpha y_t + (1-\alpha)S_{t-1}^{(1)} = S_{t-1}^{(1)} + \alpha(y_t - S_{t-1}^{(1)})$$

上面的公式是由移动平均公式改进而来的。上述公式由于既符合指数规律,又具有平滑数据的功能,故被称为指数平滑法。

2)加权系数的选择

在进行指数平滑时,加权系数的选择至关重要。由上面的公式可以看出,α 的大小规定了在新预测值中新数据和原预测值所占的比重。α 值越大,新数据所占的比重就越大,原预测值所占的比重就越小,反之亦然。若公式改写为

$$\hat{y}_{t+1} = \hat{y}_t + \alpha(y_t - \hat{y}_t)$$

则从该式可看出,新预测值是根据预测误差对原预测值进行修正而得到的。α 的大小体现了修正的幅度,α 值越大,修正幅度越大;α 值越小,修正幅度也越小。若选取 $\alpha=0$,则意味着在预测过程中不考虑任何新信息;若选取 $\alpha=1$,则表示完全不相信过去的信息,这两种极端情况很难做出正确的预测。因此,α 值应根据时间序列的具体性质在 $0\sim1$ 之间选择。一般应遵循下列原则:①如果时间序列波动不大,比较平稳,则 α 应取小一点,如 $0.1\sim0.5$,以减少修正幅度,使预测模型能包含较长时间序列的信息。②如果时间序列具有迅速且明显的变动倾向,则 α 应取大一点,如 $0.6\sim0.8$,使预测模型灵敏度更高一些,以便迅速跟上数据的变化。

3)初始值的确定

用一次指数平滑法进行预测,除了应选择合适的 α 外,还要确定恰当的初始值 $S_0^{(1)}$ 。初始值一般是由预测者估计或指定的,当时间序列的数据较多,比如在 20 个以上时,初始值对以后的预测值影响很少,可选用第一期数据为初始值,如果时间序列的数据较少,如在 20 个以下时,初始值对以后的预测值影响很大,这时就必须认真研究如何正确确定初始值,一般以最初若干期实际值的平均值作为初始值。

（2）二次、三次指数平滑法

一次指数平滑法虽然克服了移动平均法的缺点，但当时间序列的变动出现直线趋势时，用一次指数平滑法进行预测，仍存在明显的滞后偏差，必须加以修正。修正的方法与趋势移动平均法相同，即再次作二次指数平滑，利用滞后偏差的规律建立直线趋势模型，这种方法称为二次指数平滑法。其计算公式为

$$S_t^{(1)} = \alpha y_t + (1-\alpha)S_{t-1}^{(1)}$$
$$S_t^{(2)} = \alpha S_t^{(1)} + (1-\alpha)S_{t-1}^{(2)}$$

式中，$S_t^{(1)}$ 为一次指数的平滑值；$S_t^{(2)}$ 为二次指数的平滑值。

当时间序列的变动表现为二次曲线趋势时，则需要用三次指数平滑法，三次指数平滑法是在二次指数平滑的基础上，再进行一次平滑的方法。

（3）差分指数平滑法

当时间序列的变动具有直线趋势时，用一次指数平滑法会出现滞后偏差，其原因在于数据不能满足模型要求。因此，也可以从数据变换的角度来考虑改进措施，即在使用指数平滑法之前先对数据做一些技术上的处理，使之能适合于一次指数平滑模型，然后再对输出结果做技术上的返回处理，使之恢复为原变量的形态。差分方法是改变数据变动趋势的有效方法，按其阶数来划分差分指数平滑法可分为一阶差分指数平滑法、二阶差分指数平滑模型。当时间序列呈直线增加时，可使用一阶差分指数平滑模型来预测；当时间序列呈现二次曲线增长时，可用二阶差分指数平滑模型来预测。

差分方法和指数平滑法的联合运用，除了能克服一次指数平滑法的滞后偏差之外，对初始值选择问题也有显著的改进。因为数据经过差分处理后，所产生的新序列基本上是平稳的。这时，初始值取新序列的第一期数据对于未来预测值不会有多大影响。另外，它拓展了指数平滑法的适用范围，使一些原来需要运用配合直线趋势模型处理的情况可用这种组合模型来取代。但是，对于指数平滑法存在的加权系数 α 的选择问题，在实际应用中应该依据问题的实际情况进行选择。

（4）自适应滤波法

自适应滤波法与移动平均法、指数平滑法一样，也是以时间序列的历史观测值进行某种加权平均来预测的，它要寻找一组"最佳"的权数，其办法是先用一组给定的权数来计算一个预测值，然后计算预测误差，再根据预测误差调整权数以减少误差。这样反复进行，直至找出一组最佳权数，使误差减少到低限度。由于这种调整权数的过程与通信工程中的传输噪声过滤过程极为接近，故被称为自适应滤波法。

自适应滤波法有两个明显的优点：一是技术比较简单，可根据预测意图来选择权数的个数和学习常数，也可以由计算机自动选定。二是它使用全部历史数据来寻求最佳权系数，并随数据轨迹的变化而不断更新权数，从而不断改进预测。由于自适应滤波法的预测模型简单，又可以在计算机上对数据进行处理，所以这种预测方法应用较为广泛。

（5）趋势外推法

趋势外推法是根据事物的历史和现有资料寻求事物发展规律，从而推测出事物未来状况的一种比较常用的预测方法。利用趋势外推法进行预测，主要包括如下六个阶段，即选择预测的参数、收集必要的数据、利用数据拟合曲线、趋势外推、预测说明和研究预测结果在进行决策中应用的可能性。

趋势外推法常用的典型数学模型有:指数曲线、修正指数曲线、生长曲线、包络曲线等。下面就其中具有代表性的指数曲线法和修正指数曲线法分析如下。

1) 指数曲线法

一般来说,事物在发展初期,未达饱和之前的新生时期是遵循指数曲线增长规律的。因此,可以用指数曲线对发展中的事物进行预测。指数曲线的数学模型为

$$y = y_0 e^{Kt}$$

式中,系数 y_0 和 K 值由历史数据利用回归方法求得。对上式两边取对数可得

$$\ln y = \ln y_0 + Kt$$

令

$$Y = \ln y, A = \ln y_0$$

则

$$Y = A + Kt$$

从而达到了线性化处理的目的,这里两个参数 A, K 可以用最小二乘法求得。

2) 修正指数曲线法

利用指数曲线外推来进行预测时,存在着预测值随着时间的推移而无限增大的情况,这是不符合客观规律的。因为任何事物的发展都是有一定限度的。例如某种畅销产品,在产品占有市场的初期其销售量是呈指数曲线增长的,但随着产品销售量的增加,产品总量接近于社会饱和量时,这时的预测模型应改用如下修正指数曲线:

$$\hat{y}_t = K + ab^t$$

在此数学模型中有三个待定参数 K, a 和 b,可以用历史数据来确定。

修正指数曲线模型常用于描述初期增长迅速随后增长率逐渐降低的事物。

7.3 基于时间序列法的汽车销售量预测研究

1. 问题提出与分析

我国汽车工业经过近 50 多年的发展,尤其是近年来的快速发展,已成为我国国民经济发展的主要推动力之一。随着我国汽车工业的高速发展,市场竞争日趋激烈,在这样的市场背景下,汽车行业面临着巨大的挑战。对影响汽车销售量的因素的分析以及对汽车销售量的预测就显得尤为重要,无论是对政策制定者、生产商、营销商,还是对消费者都有着重要的指导或引导作用。紧凑性轿车近年来以其较高的性价比,深受消费者的欢迎,在各类家庭轿车拥有量中占有绝对的领先地位,因此,以紧凑型轿车销售数据来研究上述问题具有较好的代表性。本研究选取了 12 种国内市场 A 级车(紧凑型)的主流车型,包括:别克凯越、大众速腾、大众宝来、大众捷达、现代朗动、雪佛兰科鲁兹、福特福克斯、别克英朗、斯柯达明锐、标致 408、标致 308、丰田卡罗拉,通过建立数学模型,围绕车型的分类、销量影响因素和销量预测三个问题进行了较为深入的探讨。

问题一:建立合理的分类标准,对上述 12 种车型进行分类。

问题二:影响汽车销量的因素有哪些?通过收集的数据找出影响汽车销售量主要的因素并排序。

问题三:通过收集互联网上 12 种汽车的有关数据建立销售量预测数学模型。

2. 问题分析与模型的假设

下面通过构建数学模型来对汽车类型进行分类,并研究影响汽车销售量的因素和预测汽车未来的销售量。影响汽车销量的因素涉及许多方面,有宏观因素,也微观上的原因,其中有些原因具有不确定性,如国家有关政策、燃油价格等因素都是动态的,是随市场波动的等等。

这里仅就汽车本身所具有的品质属性作为探讨解决上述问题的参考,即忽略宏观因素的影响,仅就微观的汽车自身品质作为研究对象。数据的收集采用"选车网"(http://www.chooseauto.com.cn/)中提供的有关数据,经过整理得出了 12 种紧凑型 A 级车从2003 年至 2012 年的销售量数据(表 7-3)和描述汽车自身品质的指标数据(表 7-4)。

对于大量的多指标的数据综合分析评价,迄今已有多种算法。例如主成分分析法、模糊数学方法、层次分析法、聚类分析法、BP 神经网络法,究竟采用哪种算法对这 12 种汽车进行科学分类,是本研究要解决的第一问题。经过多次尝试,这里选取了聚类分析法对 12 种汽车进行了分类。

找出影响汽车销售量因素是要解决的第二个问题,这里仍以在"选车网"收集到的描述汽车自身品质的指标数据(表 7-4)作为影响汽车销售量的因素,其原因是影响汽车销售的因素是非常多的,除了上述的宏观和微观因素,还有消费者的心理因素等,而其中许多因素又是动态的和较难把握的,从微观的汽车自身品质的指标数据出发,研究影响汽车销量有一定的可行性和代表性,因此这里仍以微观的汽车自身品质指标数据为考量对象,把问题转化为了利用灰色关联分析找出这些因素中影响作用大小的排序。在解决第三个问题方面,本研究通过在"选车网"收集到的数据,尝试使用了时间序列分析方法,并就该方法中的移动平均法,指数平滑法进行了相应的试算,通过对比发现借助时间序列分析法中的三次指数平滑法预测效果更好。

3. 模型的建立与求解

(1)下面用聚类分析法来解决问题一,即建立合理的分类标准,对这 12 种车型进行分类。

1)问题分析

这 12 种紧凑性轿车,虽同是 A 级,但在性能、舒适度、操控性仍有较大的区别,我们尝试了两种分类方式,即对应分析法、R-Q 聚类分析等。这两种方法都是分类算法,但各有所侧重,最后确定了利用 R-Q 聚类分析解决汽车的分类问题。

2)相关假设

① 暂不考虑政策、油价、GDP 等宏观的因素。

② 仅就汽车自身品质特性指标作为分类依据。

③ 为了简化有关表示,我们将车型用拼音缩写和数字编号来表示,对照表如表 7-1 所示。

表 7-1　车型与编号及拼音缩写对照表

别克凯越	大众速腾	大众宝来	大众捷达	现代朗动	雪佛兰科鲁兹	福特福克斯	别克英朗	斯柯达明锐	标致408	标致308	丰田卡罗拉
BK	D1	D2	D3	XD	XFL	FTF	BY	SKD	B4	B3	FT
1	2	3	4	5	6	7	8	9	10	11	12

3)车型自身品质特性指标与其对应的符号对照表如表 7-2 所示。12 种紧凑型 A 级车年销售数量与平均销售数量,如表 7-3 所示。12 种车型自身品质指标有关数据如表 7-4 所示。

表 7-2 车型品质指标与相应符号对照表

性能指数	安全性	防盗性	操控方便性	操控舒适性	通过性	发动机先进性	底盘先进性
$x1$	$x2$	$x3$	$x4$	$x5$	$x6$	$x7$	$x8$
1	2	3	4	5	6	7	8

表 7-3 12 种紧凑型 A 级车年销售数量与平均销售数量

年份	2003 年	2004 年	2005 年	2006 年	2007 年	2008 年	2009 年	2010 年	2011 年	2012 年	年平均值
BK	36 001	92 225	155 643	176 450	196 742	169 138	234 816	222 494	253 514	277 071	181 409.40
D1	0	0	0	35 159	65 028	75 456	98 712	112 887	127 555	196 293	101 584.29
D2	78 068	63 283	50 480	40 052	112 959	29 075	122 375	172 537	205 058	242 528	111 641.50
D3	143 134	153 916	152 487	183 821	200 530	202 303	224 857	224 523	218 864	245 528	194 996.30
XD	0	0	0	0	0	0	0	0	0	80 460	80 460.00
XFL	0	0	0	0	0	92 190	187 737	221 196	232 592	183 428.75
FTF	0	0	12 391	79 753	124 991	0	0	0	0	0	72 378.33
BY	0	0	0	0	0	0	43 314	96 725	127 575	89 204.67
SKD	0	0	0	0	0	59 449	84 199	113 226	126 450	137 616	104 188.00
B4	0	0	0	0	0	0	41 981	53 619	53 533	49 711.00
B3	0	0	0	0	0	0	0	9 399	67 583	38 491.00
FT	0	0	0	0	65 844	165 271	157 457	172 053	170 467	151 887	147 163.17

表 7-4 12 种车型自身品质指标有关数据

车型	$x1$	$x2$	$x3$	$x4$	$x5$	$x6$	$x7$	$x8$
BK	27.44	30.14	33	44.46	16	36.76	40.75	18.08
D1	35.87	43.73	36.91	36.91	24	36.76	37.82	35.58
D2	39.64	61.18	50.33	62.91	22	36.76	39	30.77
D3	36.36	39.07	20	35.63	39.11	40.29	51.19	39.2
XD	40.94	50.88	59.46	38.4	24.74	44.12	12.75	42.36
XFL	23.73	29.44	44	34.77	30	32.59	41.02	33.65
FTF	34.39	42.27	47.33	50.28	32	43.78	37.36	29.62
BY	20.8	31.36	47.33	51.07	20	35.69	41.35	29.81
SKD	37.27	48.59	48.67	45.13	62	37.86	40.69	23.08
B4	42.91	52.21	37.33	43.9	60	52.94	39.15	42.5
B3	41.2	59.41	59.46	45.44	28.09	35.29	15.25	39.84
FT	33.13	35.5	27.44	40.99	20	47.06	39.11	32.02

4）基于聚类 R-Q 分析对汽车车型分类

① R 聚类分析。定性的考查描述汽车分类的八个指标,不难发现其中某些指标之间存在较强的相关性,因此可以考虑选取若干个有代表性的指标进行聚类分析,为此,我们把八个指标根据其相关性进行 R 型聚类,从而达到剔除多余信息,找到其中具有真正代表性的数量较少的指标。其过程是首先对每个指标对应的数据进行标准化处理,指标间相近性度量采用相关系数,类间相似性度量的计算选用类平均法,得到的聚类树形,如图 7-1 所示。

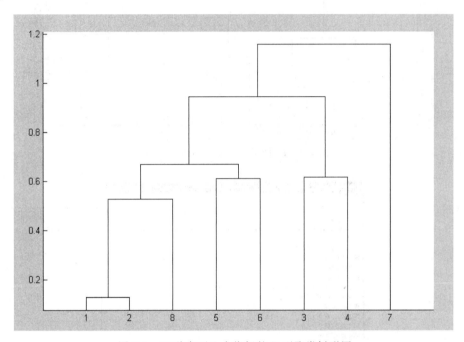

图 7-1　12 种车型八个指标的 R 型聚类树形图

由图 7-1 可以发现,可将描述车型的八个指标变化为六个,即编号为 1,2,8 的指标等级相近,可取编号为 1 指标,即用性能指数来代表,其余的仍保留不变。即可以去掉安全性和底盘先进性两项指标,而可用性能指标、防盗性、操控方便性、操控舒适性、通过性发动机先进性六项指标来描述车型,然后就可用这六个指标借助 Q 型聚类分析来对 12 种车型进行分类。

② Q 型聚类分析。其主要步骤是:对每个指标的数据分别进行标准化处理,样本间相似性采用欧氏距离度量,类间距离的计算采用类平均法,得到的聚类树形如图 7-2 所示。

在 MATLAB 环境中得到运行相关程序可以分为 3 类、4 类和 5 类结果,如图 7-3 所示。从得到的结果中可以看出,编号为 4 的大众捷达独自成为一类,编号为 9、10 的斯柯达和标志 408 在分为 3 类和 4 类时同属一类。这些都是与实际情况是符合的,即大众捷达性价比较高一直受到用户的好评,尤其是在北方,它一直都是紧凑性车中用户拥有量最高的,斯柯达和标志 408 是两种较新的、性能配置比较高的车型,理应同属一类。其他车型则类似,因此可归为一类。

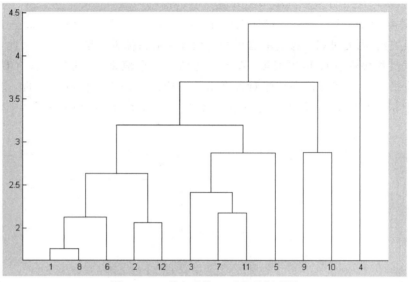

图 7-2　12 种车型的 Q 型聚类树形图

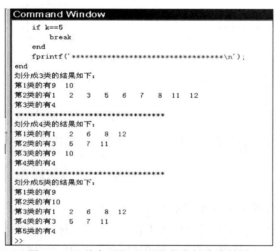

图 7-3　12 种车型的 Q 型聚类分析分类结果

（2）用灰色关联分析解决问题二。即结合上述车型影响因素确定各因素的排序。

1）问题分析

为了解决该问题，本研究选取了灰色关联分析，其基本思想是根据数据序列对应的曲线形状的相似程度来判断其联系性是否紧密。曲线越接近，相应数据序列之间的关联度就越大，反之就越小。但对于数据量大，数据序列较多的情况，绘出各个序列的对应曲线通常是工作量较大的，此处采用通过计算各数据序列的灰色关联系数，然后再计算出各个数据序列的关联度的方法来确定。

2）数据收集与整理

以表 7-4 为依据，再在其中加入年平均销售量作为第一列，这里年平均销售量的计算方法是总销售量除以销售年数。得到表 7-5。此处之所以选取各种汽车的年平均销售量，主要是因为新车型数据量较小的缘故。

表 7-5 汽车品质指标值与 12 种汽车年平均销售量

车型	PNXSL	x1	x2	x3	x4	x5	x6	x7	x8
BK	181 409.40	27.44	30.14	33	44.46	16	36.76	40.75	18.08
D1	101 584.29	35.87	43.73	36.91	36.91	24	36.76	37.82	35.58
D2	111 641.50	39.64	61.18	50.33	62.91	22	36.76	39	30.77
D3	194 996.30	36.36	39.07	20	35.63	39.11	40.29	51.19	39.2
XD	80 460.00	40.94	50.88	59.46	38.4	24.74	44.12	12.75	42.36
XFL	183 428.75	23.73	29.44	44	34.77	30	32.59	41.02	33.65
FTF	72 378.33	34.39	42.27	47.33	50.28	32	43.78	37.36	29.62
BY	89 204.67	20.8	31.36	47.33	51.07	20	35.69	41.35	29.81
SKD	104 188.00	37.27	48.59	48.67	45.13	62	37.86	40.69	23.08
B4	49 711.00	42.91	52.21	37.33	43.9	60	52.94	39.15	42.5
B3	38 491.00	41.2	59.41	59.46	45.44	28.09	35.29	15.25	39.84
FT	147 163.17	33.13	35.5	27.44	40.99	20	47.06	39.11	32.02

注:PNXSL 代表汽车平均年销售量

3)模型的建立

由于各种汽车的年度平均销售量数值较大,首先应采用标准化的方法,消除量纲和数值大小的影响,然后再实施灰色关联分析法。具体过程如下。

① 以年度平均销售量为参考数列,标准化各个序列,消除量纲和数值大小的影响。

② 求出各个指标与参考数列的差。

③ 计算最小和最大的差值。

④ 设定分辨系数,通常设为 0.5。

⑤ 计算各个指标序列的灰色关联系数,进而得到各项指标与年度平均销售量的关联度,即可确定影响因素各项指标的排序。通过运行相关的 MATLAB 程序,可以得出八项指标对销售量影响的重要程度的顺序分别为 8,3,5,1,7,6,2,4,即从高到低影响汽车销售量的因素分别是底盘先进性、防盗性、舒适性、安全性、发动机先进性、通过性、安全性、操纵方便性。

(3)采用时间序列分析法中的指数平滑模型来解决问题三。即结合收集到的上述车型的销售量数据,建立汽车销售量预测模型,并预测未来汽车销售量走势。

1)问题分析

解决这个问题通常的思路是通过收集得到的相关数据运用线性回归法建立数学模型。但是通过线性回归得到的方程通常误差较大,故这里借助了时间序列分析法中的指数平滑模型进行建模来预测汽车销量,这样可以有效消除许多不确定因素的影响。时间序列分析法其基本思想是承认事物发展的延续性,运用过去时间序列的数据进行统计分析来推测事物未来的发展趋势,同时它还具有有效消除随机波动的影响,具有简单易行,计算速度快,对模型参数具有动态确定能力强,精度较高等优点。上述优势也正是我们此处采用指数平滑化解决汽车销售量问题的原因。

2）数据收集与整理

鉴于这 12 种车型中许多车型是新推出的,历史数据序列长度不足,因此,我们选取了受众广、历史数据序列长的通用别克为代表,来探讨汽车销售量预测模型的构建问题。表 7-6 是通过互联网收集的通用别克 2003 年至 2012 年的历史销售量数据。

表 7-6　通用别克凯越 2003 年至 2012 年销售量统计表

年份	2003 年	2004 年	2005 年	2006 年	2007 年	2008 年	2009 年	2010 年	2011 年	2012 年
销量	36 001	92 225	155 643	176 450	196 742	169 138	234 816	222 494	253 514	277 071

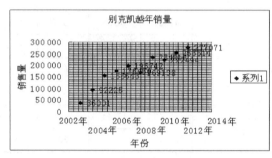

图 7-4　别克凯越年销量

3）模型的建立

由以上通用别克凯越年销量图中可以看出,其曲线形状呈现二次曲线趋势,故可以采用时间序列分析中三次指数平滑法来构建年销量模型。三次指数平滑即是在二次指数平滑的基础上,再进行一次平滑,得到拟合图如图 7-5 所示。

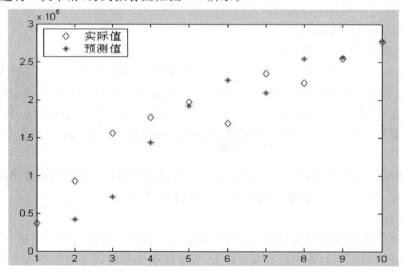

图 7-5　三次指数平滑得到的别克凯越年销量拟合图

从图 7-5 中可以看出,开始时预测误差较大,但随着时间的推移,拟合程度越来越好。反复进行三次指数平滑,即可得到该种车型未来三年的销售量分别是 301 927.1,327 852,355 090.7,图 7-6 显示了未来一年别克凯越的年销售量预测值。

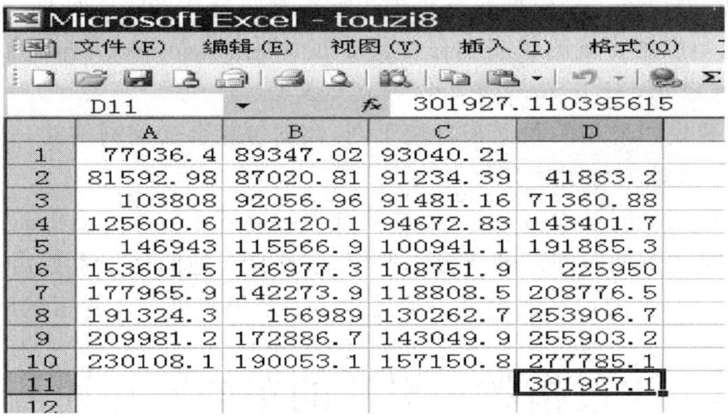

	A	B	C	D
1	77036.4	89347.02	93040.21	
2	81592.98	87020.81	91234.39	41863.2
3	103808	92056.96	91481.16	71360.88
4	125600.6	102120.1	94672.83	143401.7
5	146943	115566.9	100941.1	191865.3
6	153601.5	126977.3	108751.9	225950
7	177965.9	142273.9	118808.5	208776.5
8	191324.3	156989	130262.7	253906.7
9	209981.2	172886.7	143049.9	255903.2
10	230108.1	190053.1	157150.8	277785.1
11				301927.1
12				

图 7-6　未来一年别克凯越的年销售量预测值

预测值与原始值对照可以发现开始拟合情况不理想，但随着时间序列的发展，拟合的效果呈现出越来越贴近的趋势。

(4) 模型的改进与注意事项

指数平滑预测模型是以时间为起点的，综合历史序列的信息，对未来进行预测的，其中，选择合适的加权系数是提高预测精度的关键环节。根据实践经验，加权系数的取值范围一般以 0.1 到 0.3 为宜(此处取 0.3)。加权系数值越大，加权系数序列衰减速度越快，所以实际上加权系数大小起着控制参加平均的历史数据个数的作用，其值越大意味着采用的数据越少。选择加权系数值得基本准则是：

(1) 如果序列的基本趋势比较平稳，预测偏差由随机因素造成，则其值应该取得小一些，目的是减少修正幅度，使预测模型能包含更多历史数据的信息。

(2) 如果预测目标的基本趋势已发生系统性变化，则加权系数值应该取得大一些，以使预测模型适应预测目标的新变化。

4. 模型评价及改进

本研究针对 A 级车的分类、销售量影响因素和销售量预测进行了建模分析，得到了较为满意的结果，以下对三个问题所采用的模型进行评价并分析可能的改进之处。

(1) 优点

① 利用 R-Q 聚类分析法来解决问题一，通过建立合理的分类标准，对这 12 种车型进行分类，解决了指标繁多，且指标间信息交叉重复的问题。从上述分类的情况来看，无论是分作 3 类、4 类还是 5 类，其结果和实际情况的吻合度都是较高的。

② 对于第二个问题，即结合上述车型影响因素来确定影响因素的排序，这里采用了灰色关联分析法，得出了八种车型的影响因素的排序，从高到低影响汽车销售量的因素分别是底盘先进性、防盗性、舒适性、安全性、发动机先进性、通过性、安全性、操纵方便性。结果有些出人预料之外，这可能与选车网上述指标在确定时带有一定的倾向性，另一种可能是我们选取的分辨系数仍需进一步斟酌与调整。

③ 第三个问题是利用已有的历史数据序列，通过建立模型来预测未来汽车的销售量。由于部分新型车型推出不久，所以本研究选取了通用别克凯越这款历史数据序列较长的车型，通过基于时间序列分析法中指数平滑法，构建了销售量预测模型，并利用该模型预测了

未来三年该车型的销售量。该模型对汽车销售量预测问题具有计算简便,编程容易,精度较高等优势,对其他车型销售量的预测也有着较好的借鉴意义。

（2）仍需改进之处

① 本研究中建模所采用的数据来自选车网,数据可能会受到网站的一些倾向性影响而使得到的模型的结果难免与实际有所出入。

② 对于解决第二个问题而言,在如何选取合理的分辨系数等方面仍需进一步研究。

③ 对于销售量预测的时间序列指数平滑模型,选择合适的加权系数是提高该模型预测精度的关键环节。因此,加权系数的进一步优化是一个仍需进一步探索的问题。

7.4 基于改进指数平滑法的车联网交通流量预测

1. 问题的提出

随着我国汽车保有量的大幅增长,道路交通拥堵问题日益严重,进而导致了一系列的社会经济问题。道路交通拥堵很大程度上制约和阻碍了社会经济的良性发展,其所带来后果所造成的人力物力的浪费也是非常巨大的。道路交通拥堵时汽车行驶缓慢,不仅耗费更多的能源,而且还造成严重的空气污染。当前我国空气质量下降,城市雾霾问题日趋严重,道路交通拥堵就是其重要缘由之一。

为了解决上述问题,近年来智能交通系统(ITS)成为了热点问题,作为一种新型交通运输系统,智能交通系统集道路交通管控的实时性、高效性、准确性为一体,能有效地缓解道路交通拥堵而导致的时间延误、尾气污染和能源浪费等实际问题,并在减少交通事故方面也大有用武之地。在智能交通系统的组成部分中,道路交通状态的动态分析与预测是一项重要的基础理论,其核心之一是实时、准确地进行短时交通流预测[1]。

车联网(IoV 或 Vehicular Networks)是物联网技术在智能交通系统(ITS)领域内的重要应用方向,它有机融合了当前的物联网、移动互联网、大数据和云计算等多个领域技术。利用车联网技术能够将汽车、交通道路以及道路周边的数据采集与处理设施加以整合作为道路交通数据信息的来源,通过及时的分析处理,为改善道路交通状况奠定基础。车联网的实际应用成果表明它能较好地改善交通状况,有利于道路交通高效、安全、环保和人性化的实现,是当前智能交通系统的规划、建设、管控与运营重要抓手与途径。研究表明,将车联网技术应用于智能交通系统,能大大地提高道路交通的通行效率,有效地降低道路交通拥堵、交通事故率和能源消耗,起到激活整个交通路网运行状态的作用[2]。

交通流预测一般可分为短期、中期和长期三种预测步长类型。不同的道路交通状况对交通预测步长的要求不同,步长的选取一般情况下应根据需求选择合适的预测周期。例如,对于城市交通路网,因为实时性要求比较高而通常需要预测未来短时交通流状况,而短时交通流预测能够比较好地满足这种要求,这也是由城市交通控制通常需要提供实时、准确的交通流信息所决定的。

基于车联网智能交通系统的实现其中一个重要的问题就是短时交通流预测,它是交通管控的重要基础,其表现在实时性、高效性等方面的预测性能的好坏,将直接关系到交通管控实施的有效性。因此,近年来,短时交通流预测研究受到国内外广泛的关注,已取得较为丰富的研究成果,本研究在国内外相关研究的基础上,针对车联网短时交通流中的核心指标之一——车流量预测进行进一步的研究。

2. 车联网的国内外研究现状

车联网(IoV)的概念源自物联网(IoT),其全称为车载物联网,即安装有智能车载系统及各种智能传感器设备的车辆[3],通过定位系统和无线通信网络,实现车与车、车与人、车与路、车与环境之间的互联,在车联网的信息网络平台上,能够实现智能化交通管理、智能化动态信息服务和智能化车辆控制等等。

当今移动互联网时代下的车联网的内涵和外延已超越了传统意义上的汽车行业,车联网已经成为"移动互联网＋移动车辆"为主体的新型网络[4]。车联网技术在汽车行业中的应用,给予了新时代汽车行业发展千载难逢的机遇,同时也将对人们的工作与生活方式带来重大变革。当前,车联网技术的应用已在交通紧急救援、智能导航系统、智能交通系统和车载社交网络中发挥着重要的作用。例如,2014 年,为了以智能汽车为切入点,加快汽车行业的创新,Google 与奥迪、本田、通用、现代等汽车厂商及英伟达(NVIDIA)公司联合成立了"开放汽车联盟"(OAA);美国苹果公司也在同一年发布了"Car Play"车载系统;2015 年,腾讯携手宝马推出世界第一款车载集成即时通信的社交应用"宝马 QQ"。

在车联网技术相关应用研究领域方面,YANG Fangchun(2014 年)系统地介绍了车联网的概念和框架,构建了车联网的抽象网络拓扑模型,并阐述了车联网未来发展的机遇与挑战前景[5];以美、日、欧等为代表的发达国家,已经对车路协同系统的应用达成了趋于一致的定义,推动了车路协同系统通信协议的标准化[6]。相对于国外而言,我国车联网技术应用研究相对起步较晚,与美、日、欧等发达国家和地区相比差距还比较大[7],但也在原有的基础上取得了一些成果。例如,学者姜竹胜等对车联网的体系结构进行了较为详细的分析,并阐述了车联网技术在智能交通系统(ITS)中的主要应用[8];学者孟源等(2012 年)围绕车联网的信息服务、技术优势以及网络架构等对车联网的现状进行了系统的分析与介绍[9];学者李静林等(2014 年)通过深入分析人、车、环境三者的协同关系,进一步提出了车联网的体系架构参考模型,并重点分析了其关键技术和要求[10]。

综上所述,当前车联网技术不仅对促进汽车行业发展有着重要的现实意义,而且还将有效地推动智能交通和智能城市的建设,进而可以大大改善现有的交通状况,减少时间延误,方便人们出行等。但当前车联网技术的研究与实际应用还处于起步阶段,很多方面还需进一步完善。因此,对车联网技术进行进一步的研究具有不言而喻的重要现实意义。

3. 三次指数平滑法及其改进

(1) 三次指数平滑法

指数平滑法就其基本思想而言,即是利用平滑系数将时间数据序列的差异加以抽象化,对历史的统计数据进行加权修匀以近似拟合数据的随机变动,并将获得的平滑值作为未来的预测值。指数平滑法作为一种短期时间序列的预测方法,具有简单易行、可靠性较高而在实践中得到广泛应用。指数平滑法根据平滑次数的不同,又可分为一次、二次和三次指数平滑法。一次指数平滑法适用于无趋势效应、呈平滑趋势的时间序列的预测和分析,二次指数平滑法多适用于呈线性变化的时间序列预测。由于交通流时间数据序列变化呈非线性变化态势,所以比较适合用于三次指数平滑法进行预测,三次指数平滑法的公式为[11]

$$S_t^{(1)} = \alpha y_t + (1-\alpha)S_t^{(1)}$$

$$S_t^{(2)} = \alpha S_t^{(1)} + (1-\alpha)S_t^{(2)}$$

$$S_t^{(3)} = \alpha S_t^{(2)} + (1-\alpha)S_{t-1}^{(3)}$$

式中，$S_t^{(1)}$，$S_t^{(2)}$，$S_t^{(3)}$ 分别为三次平滑指数值，α 为平滑系数，时间数据序列为 $\{y_t\}$，该法的预测模型为

$$\hat{y}_{t+m} = a_t + b_t m + c_t m^2, m = 1.2, \cdots$$

式中：

$$a_t = 3S_t^{(1)} - 3S_t^{(2)} + S_t^{(3)}$$

$$b_t = \frac{\alpha}{2(1-\alpha)^2}\left[(6-5\alpha)S_t^{(1)} - 2(5-4\alpha)S_t^{(2)} + (4-3\alpha)S_t^{(3)}\right]$$

$$c_t = \frac{\alpha^2}{2(1-\alpha)^2}\left[S_t^{(1)} - 2S_t^{(2)} + S_t^{(3)}\right]$$

由上面的公式可以看出，在进行三次指数平滑时，有两个关键的参数需要预先确定，即平滑系数 α 和初值的选择，它们决定了最终预测值得精确度。一般来说，α 值应根据时间数据序列特性在 0～1 之间选择。选择时通常要遵循下列原则。

① 如果时间数据序列变化波动比较平稳，则平滑系数应取小一点，如在 0.1 至 0.3 之间取值，以使预测模型能包含较长时间序列的信息，减少修正幅度。

② 如果时间数据序列具有较大的变动趋势，则平滑系数应取大一点，如在 0.3 至 0.8 之间取值，其目的即是增加预测模型灵敏度高，以便与数据变化趋势相吻合。总之，在实践应用中具体取怎样的 α 值，可按一定步长多取几个 α 值进行试算，使预测误差最小的就采用该 α 值。

用指数平滑法进行预测，除了选择合适的 α 外，还要确定初始值。初始值需要预测者预先估计或指定。一般来说，初值的选取应遵循以下原则：当时间数据序列的数据较多，因为初始值对后面预测值影响相对较小，故此时可选取第一期数据作为初始值；如果时间序列的数据较少，初始值对预测值将存在很大的影响，此时一般以最初几期实际值的算术平均值作为初始值。

（2）三次指数平滑法的改进

传统三次指数平滑法预测模型通常存在着平滑系数与初值选取按预先估计来确定的问题，这样难免导致预测结果出现较大的偏差。例如，不恰当的平滑系数 α 的取值，加之模型在预测的过程中不能自动调整以及时反映数据的变化情况，必将导致预测结果和实际值之间误差越来越大。因此，如果利用预测与实际值间相对误差的大小对预测模型的平滑系数和初值进行自适应调整，则预测模型的精度将会一定程度的提高。

本研究提出的改进三次指数平滑法模型，其核心思想是基于使预测值与实际值间平均相对误差预测最小作为平滑系数和初值，取值的优劣是依据预测值和实际值的平均相对误差大小来判定的，误差越小说明预测越精确，其公式为

$$\lambda = \frac{1}{n}\sum_{i=1}^{n}|\hat{x}_i - x_i|$$

式中，n 为数据序列的长度。x_i 为实际值，$\hat{x}_i$ 为预测值。

本研究给出的确定平滑系数和初值时的思路是：依次选取前 2 个、前 3 个至前 n 个实测的时间序列数据值之和的算术平均值作为指数平滑法的初值，分别计算预测结果与实测值间的平均相对误差，取使平均相对误差最小时的算术平均值为指数平滑法的初值，然后基于上面得到的初值，采用等距法进行搜索平滑系数 α 最优值。在搜索前先确定步长，以 0.01 为例，其算法步骤如下。

① 选定实测历史时间序列数据集,设定步长 0.01,自 0.1 开始逐渐递增平滑系数 α 的取值,分别计算预测值与实测值间的对应的平均相对误差值。

② 直到当 α 所对应的平均相对误差值出现最小值时终止,该值即为所求平滑系数值。

③ 以上面得到的平滑系数值为基础,依次选取前 2 个、前 3 个至前 n 个(n 通常取值范围为 2 到 8)实测的时间序列数据值,求算术平均值作为指数平滑法的初值。

④ 分别计算上述初值对应的预测结果与实测值间的平均相对误差,取使平均相对误差最小时的算术平均值为指数平滑法的初值。

⑤ 取上述所得到的初值和 α 值作为三次指数平滑预测的最优初值和平滑系数。

4. 仿真实证分析

(1) 时间序列数据的选取

选取某路段 2015 年 8 月 19 日的车流量数据作为研究对象,具体车流数据如图 7-7 所示。

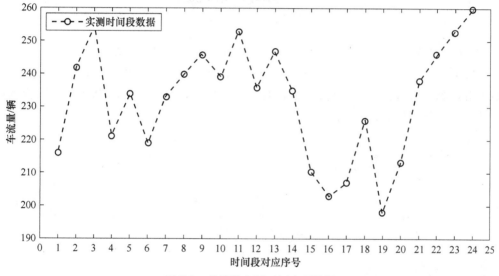

图 7-7　某路段实测时间序列数据

(2) 平滑系数的确定

按上面所提出的改进的三次指数平滑法,首先确定平滑系数 α 值,得到当其值为 0.3 时,三次指数平滑法的预测值与实测值间的平均相对误差最小,具体如表 7-7 所示。表中列举了平滑系数自 0.25 按步长 0.01 递增的部分结果示例,从表 7-7 可以看出当平滑系数取 0.3 时预测结果最佳。

表 7-7　平滑系数的选取

平滑系数 α 选取	0.25	0.3	0.35
对应的平均相对误差	0.025 656	0.023 593	0.024 571

(3) 初值的确定

取前 3 个至前 8 个实测值分别作和并求其算术平均值,经计算可以发现,当初值取前 6 个实测数据值的算术平均值时,预测值与实测值间的平均误差最小,如图 7-8 所示。

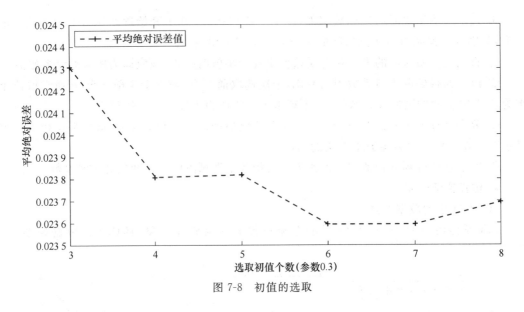

图 7-8　初值的选取

（4）对应于确定的平滑系数和初值的三次指数平滑预测拟合结果

选取上述确定的平滑系数 0.3 和前 6 个实测数据之和的算术平均值作为初值进行三次指数平滑预测,得出的预测结果与实测数据点间拟合图如图 7-9 所示,从图中可以看到,预测的结果是十分理想的。

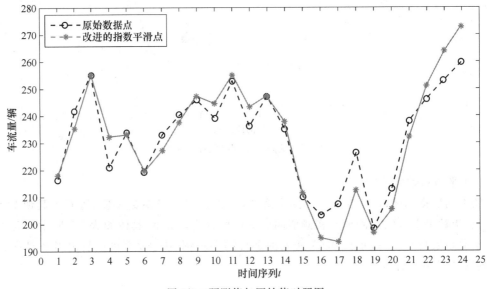

图 7-9　预测值与原始值对照图

5. 结论

车联网技术的兴起为智能交通系统建设,解决日益严重的交通拥堵问题提供了良好的解决途径。本研究在分析车联网及其国内外研究现状的基础上,提出了一种基于改进三次指数平滑法车联网短时交通流量预测模型,最后对所构建的预测模型进行了实证仿真分析,仿真结果表明:本文提出的改进指数平滑法模型较之于传统三次指数平滑法模型,在精度方面得到了较大的改善,与实测时间序列数据相比,拟合程度得到了大幅提升。

当然,随着智能交通系统和车联网技术的迅猛发展,短时交通流预测还有很多问题有待进一步研究。虽然本研究提出的预测模型对短时交通预测有一定的借鉴参考价值,但由于道路交通状况是一个非常复杂的非线性动态过程,常常受到天气变化、交通事故等因素的影响,因此,难免存在着一定的局限性。

本章参考文献

[1] 邱敦国,兰时勇,杨红雨.基于时空特性的短时交通流预测模型[J].广州:华南理工大学学报(自然科学版).2014,(7).

[2] 程学虎,陈亚峰.车联网发展状况研究[J].北京:中国无线电.2013,(2).

[3] 程刚,郭达.车联网现状与发展研究[J].北京:移动通信.2011,(7).

[4] 刘小洋,伍民友.车联网:物联网在城市交通网络中的应用[J].成都:计算机应用.2012,(4).

[5] 《2014上海车联网产业发展研究报告》综述[J].上海:软件产业与工程.2015,(1).

[6] 苏静,王冬,张菲菲.车联网技术应用综述[J].西安:物联网技术.2014,(6).

[7] 谭红英.国际与国内车联网专利知识图谱对比分析[D].重庆:重庆大学,2014.

[8] 姜竹胜,汤新宁,陈效华.车联网架构分析及其在智能交通系统中的应用[J].西安:物联网技术.2012,(11).

[9] 孟源,柴舒杨,罗正华,等.车联网网络架构分析[J].成都:成都大学学报(自然科学版).2012,(04).

[10] 李静林,刘志晗,杨放春.车联网体系结构及其关键技术[J].北京:北京邮电大学学报,2014,(06).

[11] 史峰,王小川,等.MATLAB神经网络30个案例分析[M].北京:北京航空航天大学出版社,2010.

第8章 主成分分析算法应用研究

8.1 主成分分析法概述

主成分分析法(Principal Component Analysis,PCA)是一种数学变换的方法,它把给定的一组相关变量通过线性变换转成另一组不相关的变量,主成分分析也称主分量分析,旨在利用降维思想,把多指标转化为少数几个综合指标(即主成分),其中每个主成分都能够反映原始变量的大部分信息,且所含信息互不重复。这种方法在引进多个变量的同时将复杂因素归结为几个主成分,使问题简单化,得到的结果更加科学有效。在实际问题研究中,为了全面、系统地分析问题,我们必须考虑众多影响因素,这些涉及的因素一般称为指标,在多元统计分析中也称为变量。因为每个变量都在不同程度上反映了所研究问题的某些信息,并且指标之间彼此有一定的相关性,因而这些统计数据反映的信息在一定程度上有重叠。主成分分析法即是希望用较少的变量去解释原始信息中的大部分变量,将许多相关性很高的变量转化成彼此相互独立或不相关的变量,通常是选出比原始变量个数少的几个新变量,即所谓主成分。由此可见,主成分分析实际上是一种降维方法。

8.2 基于主成分分析算法的社区居民对社区教育满意度评价模型研究

1. 引言

近年来社区教育在我国得到了蓬勃发展,社区教育是社区建设和社区管理的重要途径和抓手,已成为社会关注的热点之一。因此,准确、科学地测评居民对社区教育的满意度,不仅能够促进社区教育水平的进一步提升,而且还关乎社区建设的整体质量。构建科学的社区教育居民满意度评价指标体系是促进社区教育健康可持续发展的重要前提。社区居民对社区教育满意度评价,是社区教育评价的重要组成部分,通过开展科学有效的居民对社区教育的满意度测评,对落实社区教育以人为本,促进社区管理和发展具有重要意义。

基于顾客满意度测评的教育满意度评价有关理论缘起可以追溯到20世纪90年代,自21世纪以来,也逐渐成为我国教育领域教育满意度评价研究的热点。因此,借鉴国内外教育满意度评价的现有研究成果,基于顾客满意度评价的有关理论,以当前我国社区教育发展现状及广大社区居民的实际需求为基础,探究构建具有中国特色的社区教育满意度评价模型,对更好地开展社区教育,有效满足人们日益增长的教育需求有着重要的现实意义。

2. 社区教育满意度测评构成要素分析

要准确评价社区居民对社区教育的满意度,进一步理清社区教育的本质特征,并在此基础上分析社区教育的主要影响因素是首先要解决的关键问题。解决了上述问题,才能较为准确的设置和找出如实反映社区居民对社区教育满意程度的相关评价观测点。社区教育具备受众的广泛性、内容的多样性和灵活性、社区的针对性等特征,上述特征决定了社区教育的构成要素。

第一,社区教育对象的广泛性。社区教育应面向广大社区居民,无论男女老少,都应成为社区教育的受益对象。

第二,社区教育内容的多样性与灵活性。社区教育的主要目标是满足社区居民日益增长的各种学习需求、促进社区健康可持续发展而进行的各类教育活动。社区广大居民多元化的学习诉求,决定了社区教育形式与内容具备多样性和灵活性。社区教育既可以是正规教育,又可以是非正规的教育,社区教育包含了职业技能培训,也包含了休闲娱乐、健康养生等教育。

第三,社区教育的社区的针对性。主要包含以下两个方面:第一,依据所属社区实际情况,有针对性地开展社区教育,不断满足社区居民的各个层次的教育需求,提升广大社区居民的综合素养和文化生活品质。第二,通过有效开展有针对性的各种社区教育活动,促进社区居民之间的互助合作,提升社区居民的社区自治能力,营造了良好的社区文化氛围,为构建和谐社会奠定基础。

关于社区教育满意度测评的构成要素,目前存在不同的分类方法,如有的是根据服务对象来划分,也有的是根据内容划分[1]。社区教育活动的开展,从大的方面来看可以视为一个过程,其过程可以简单地概括为社区教育人员凭借相应的社区教育场地、设施和机构,实施的具体的教育活动。因此,我们可以将社区教育,满意度测评体系的构成要素划分为人员、设施、机构及项目等四个要素。其中,社区教育人员主要指社区教育机构中专职从业人员的配置及社区志愿者队伍建设等;社区教育设施主要包括社区教育开展各类文化教育活动相关服务设施及场地;社区教育机构主要是指具体实施社区教育服务的社区学院、社区教学点、社区文化活动中心等;社区教育项目主要包括社区教育机构为社区居民提供的各类社区教育项目课程,如职业技能培训、文明修养、健康保健等类课程。

综上所述,社区居民对社区教育满意度测评问题应是一个整体性的评价,就该整体性评价的形成而言,应体现社区居民对社区教育的各个构成要素的切身感知,因此,社区居民对社区教育的满意程度,以社区教育课程项目、人员构成、场地设施及机构设置为具体观测点是切合社区教育实际的。在此基础上再结合相应的模型构建算法,得出的满意度测评结果能够如实反映社区居民对社区教育的满意程度,同时还可以根据所构建的满意度模型得出各种相关因素对总体满意度的具体影响水平,进而为社区教育改革完善提供较为准确依据和建议。

3. 基于主成分分析法的社区居民对社区教育满意度评价模型构建的总体思路

依据顾客满意度测评理论及上述社区教育基本构成要素分析结果,针对本文要建立的社区居民对社区教育满意度评价模型,选取以下 16 个观测点作为评价模型的三级指标,即社区教育机构在距离上的便利性($x1$)、社区教育机构的服务的常规性($x2$)、社区教育设施构成的齐备性($x3$)、社区教育设施数量的可获得性(x_4)、社区教育设施使用的可利用性

（x_5）、社区教育设施的获得方式（x_6）、社区教育的全纳覆盖性（x_7）、社区教育人员数量的可获得性（x_8）、社区教育人员资格的专业性（x_9）、社区教育人员构成的多元性（x_{10}）、社区教育项目课程设置的丰富性（x_{11}）、课程内容的适用性（x_{12}）、课程实施的可接受性（x_{13}）、课程信息的获得性（x_{14}）、课程服务获得方式（x_{15}）、居民对社区教育课程改善的参与性（x_{16}）[2-6]。通过南通开放大学社会教育指导服务中心针对若干社区 350 户居民进行社区教育满意度调查上述数据进行主成分分析（限于篇幅，相关统计数据此处省略），构建社区居民对社区教育满意度评价模型。具体步骤如下。

第一步：从观测值数据表中读取数据。

第二步：对上述数据进行标准化。

第三步：对标准化后的数据表进行主成分分析。利用主成分分析法能有效解决变量间的多重共线问题的优势，以主成分累计贡献率到达 80％以上为标准或用特征根大于 1 为准则或同时考虑上述两个参考因素，通过分析得出若干个主成分及因子负荷矩阵，由此得出每个主成分所对应的那些变量，从而得出二级指标与相应的三级指标。此处三级指标为实际观测变量，即显变量；二级指标为经过主成分分析所得到综合归类后且在不损失原显变量大多数信息的主成分，即隐变量。隐变量用显变量可用线性方程组表示，即二级指标可以通过三级表示如下：

$$z_1 = L_{11}x_1 + L_{12}x_2 + \cdots + L_{1p}x_p$$
$$z_2 = L_{21}x_1 + L_{22}x_2 + \cdots + L_{2p}x_p$$
$$\vdots$$
$$z_m = L_{m1}x_1 + L_{m2}x_2 + \cdots + L_{mp}x_p$$

式中，$x \in R^p$ 表示显变量，即观测变量；$z \in R^m$ 表示提取出来的潜在变量；L 为隐变量与观测显变量之间的多元回归系数矩阵。

第四步：在上述基础之上，分别确定三级指标对应于二级指标的权重和二级指标对应于一级指标的权重，最后通过回代的方法得出最终的居民对社区教育满意度评价模型。

4. 基于主成分分析法的社区居民对社区教育满意度评价体系的实现

（1）基于主成分分析提取二级指标

通过对观测数据标准化后得到的系数矩阵进行主成分分析得到相应的因子负荷矩阵（表 8-1），依据主成分累计贡献率超过 80％及对应的特征根大于 1 的标准，提取得出四个主成分，它们对应的特征根分别为 5.227，4.384，2.296，1.236，这样选取已达到解释总变量的 82.134％，达到了解决多变量间的共线性影响，实现了简化变量的目的。经过上述分析得到的因子负荷矩阵，如表 8-1 所示。

表 8-1 因子负荷矩阵

序号	指标	主成分 1	主成分 2	主成分 3	主成分 4
1	机构距离	−0.145	0.043	−0.027	0.778
2	机构的固定性	−0.104	0.10	−0.001	0.778
3	设施齐备性	0.045	0.879	−0.054	−0.032
4	设施可获得性	0.017	0.898	−0.157	0.006
5	设施可利用性	0.066	0.959	−0.13	−0.023

序号	指标	主成分1	主成分2	主成分3	主成分4
6	设施获得方式	0.019	0.912	−0.126	0.004
7	设施覆盖性	0.047	0.944	−0.129	−0.066
8	从业人员数量	−0.033	0.257	0.790	−0.022
9	从业人员专业资格	−0.006	0.225	0.904	−0.010
10	社区教育人员构成	0.045	0.165	0.879	0.045
11	课程丰富性	0.969	−0.041	0.000	0.022
12	课程适用性	0.931	−0.019	−0.034	0.088
13	课程教学方式	0.915	0.003	0.013	−0.02
14	课程获得性	0.925	−0.038	0.051	−0.002
15	课程获得方式	0.904	−0.045	−0.016	0.050
16	居民课程参与性	0.93	−0.033	−0.002	0.074

从表 8-1 中可以看出,第一主成分主要与课程丰富性、课程适用性、课程教学方式、课程获得性、课程获得方式、居民课程参与性等因素正相关,更多的是反映社区教育实施的项目课程开展情况,可归类为社区项目课程这个二级指标;第二主成分主要与设施齐备性、设施可获得性、设施可利用性、设施获得方式、设施覆盖性等因素正相关,更多的是反映社区教育的建设状况,可归结为二级指标中的第二个评价标准;第三主成分主要是与从业人员数量、从业人员专业资格、社区教育人员构成正相关,是反映社区教育从业人员及兼职人员状况;第四主成分主要与机构距离、机构的固定性正相关,反映居民对社区教育的便利性的感受因素,可归类为社区教育机构这个二级指标。综上所述,确定社区课程项目,社区教育设施场所、社区教育人员和社区教育机构建设与管理为四个居民对社区教育满意度测评的二级指标,这一结论与基于社区教育基本特征要素构成分析我们先前分析结果是一致的。

（2）三级指标对应于二级指标的权重确定

通过主成分分析得到的因子负荷矩阵中的数据除以该主成分对应的特征值的平方根就是标准化后的 $x_1, x_2, \cdots, x_p$ 与 $z_1, z_2, \cdots, z_m$ 的系数矩阵。经过变换就可以得到原始的 $x_1, x_2, \cdots, x_p$ 与 $z_1, z_2, \cdots, z_m$ 之间的系数矩阵,这些系数 l_{ij} 可以用来表达第 j 个三级指标对于第 i 个二级指标的贡献程度。

根据表 8-1 中的因子负荷值除以对应的特征值的平方根即可得到主成分与标准化原变量之间线性关系如下:

$$z_1 \approx 0.424zx_{10} + 0.407zx_{11} + 0.400zx_{12} + 0.405zx_{13} + 0.395zx_{14} +$$
$$0.407zx_{15}$$
$$z_2 \approx 0.420zx_2 + 0.429zx_3 + 0.458zx_5 + 0.436zx_6 + 0.451zx_7 \qquad (8-1)$$
$$z_3 \approx 0.521zx_4 + 0.597zx_8 + 0.580zx_9$$
$$z_4 \approx 0.700zx_1 + 0.700zx_{16}$$

式中,$z_1, \cdots, z_4$ 表示提取出来的四个主成分,而 $zx_1, zx_2, \cdots, zx_{16}$ 表示标准化后的 $x_1, x_2, \cdots, x_{16}$,根据原变量的样本均值和方差,经过变换可以得到主成分与原变量之间的线性关系。

$$z_1 \approx 0.343\ x_{10} + 0.352\ x_{11} + 0.323\ x_{12} + 0.371\ x_{13} + 0.359\ x_{14} +$$
$$0.380\ x_{15} - 4.182$$

$$z_2 \approx 0.353\ x_2 + 0.357\ x_3 + 0.343\ x_5 + 0.329\ x_6 + 0.355\ x_7 - 5.018 \qquad (8\text{-}2)$$

$$z_3 \approx 0.481\ x_4 + 0.537\ x_8 + 0.462\ x_9 - 4.351$$

$$z_4 \approx 0.675\ x_1 + 0.507\ x_{16} - 2.941$$

上面线性方程组中的系数表示了相应的原变量对于各个主成分的贡献,可以用来表征16个三级指标所对应于的二级指标的权重。

（3）二级指标对应于一级指标的权重的确定

一般情况下,可以用每个主成分所对应的特征值占所得到的主成分特征值之和的比例作为权重计算主成分综合模型。根据上面主成分分析法得出的四个主成分对应的特征值分别为 5.227,4.384,2.296,1.236,可以计算得到这四个主成分的贡献率为 0.398,0.334,0.175,0.094 。所以总的社区满意度评价值可以表示为

$$Z = 0.398z_1 + 0.334z_2 + 0.175z_3 + 0.094z_4 \qquad (8\text{-}3)$$

由此可见,社区居民对社区教育满意度影响较大的是前两个主成分,即社区教育项目课程和社区教育的设施场所。

（4）最终评价模型的确立

将式(8-2)代入式(8-3),可得最终的居民对社区教育的满意度评价模型

$$Z = 0.063\ x_1 + 0.118\ x_2 + 0.119\ x_3 + 0.084\ x_4 + 0.114\ x_5 + 0.110\ x_6 +$$
$$0.119\ x_7 + 0.094\ x_8 + 0.081\ x_9 + 0.137\ x_{10} + 0.140\ x_{11} + 0.129\ x_{12} +$$
$$0.148\ x_{13} + 0.143\ x_{14} + 0.151\ x_{15} + 0.048\ x_{16} - 4.378 \qquad (8\text{-}4)$$

5. 结论

本研究基于顾客满意度测评有关理论,探讨研究了运用主成分分析法构建了三级社区教育满意度评价指标体系模型,并以南通开放大学社会教育指导服务中心的调查数据为样本,给出了实证研究,其中三级指标对二级指标的权重是根据因子负荷矩阵确定的,而二级指标对于一级指标的权重由各主成分的贡献率确定,在上述基础上得出了如式(8-4)所示的最终评价模型。对于任一给定的社区样本,根据式(8-4)可以计算得到该社区的满意度评价值,实现了社区教育的量化评价,再根据该评价值及评价体系中的有关指标,找出社区教育发展中的短板,为进一步搞好社区教育,最大程度地满足社区居民的学习需求奠定了基础。综上所述,本研究探索构建的居民社区教育满意度测量模型,较为客观地反映了当前我国社区教育的基本构成要素特征,借鉴顾客满意度测评有关理论所构建的社区居民对社区教育满意度测评指标体系,具有较好的实操性和客观性,对进一步提升社区教育水平,使之更好地服务于和谐社会建设,具有一定借鉴参考价值。

8.3　基于主成分分析算法的高职课堂
教学质量评价研究

1. 引言

高职教育近年来在我国高速发展,已占据我国高等教育的半壁江山。高职教育质量是社会普遍关注的问题,高职院校立足的根本是不断提高教育质量,而通常教育质量是用教育

产出来衡量的,教育产出即学习者的学习成果。从学生能力角度而言,就是学生分析和解决问题能力是否达到教学目标;从具体层面来讲,就是对学生在专业知识方面认知水平的评价和衡量。如何给予高职教育教学质量一个客观评价,其方法有多种,其中基于主成分分析法的数据挖掘就不失为一种行之有效的评价方法。这种方法充分考虑到了各个指标之间的信息重叠,能够在最大限度地保留原有信息的基础上,对高维变量进行有效地降维,并且能更客观的确定各个指标的权重,避免了主观上的随意性,提高了教育教学质量评价的科学性、合理性及客观性。

2. 主成分分析数据挖掘基本思想及步骤[7-9]

(1)基本思想

即利用降维思想,把多指标转化为少数几个综合指标。在研究多变量问题时,变量太多会增大计算量和增加分析问题的复杂性,通过使用主成分分析法,可达到只须选取少量的主成分变量即可反映事物的绝大部分信息,只要这些变量能包含原变量信息量的80%以上即可。

(2)主要步骤

① 构造观察指标值原始数据矩阵,并进行数据标准化以消除量纲的影响。

② 计算标准化指标的协方差相关系数矩阵,可采用皮尔逊相关系数计算公式得出。

③ 利用相关系数矩阵进行主成分分析,从相关系数矩阵出发,计算各主成分的特征值、特征向量及方差贡献率、累计贡献率。

④ 按各指标得分及贡献率的大小,计算综合得分再根据综合得分进行排序等分析,进而构建指标评价模型,实施综合评价分析。

3. 基于主成分分析数据挖掘的高职课堂教学质量评价案例

假设已知某高职院校计算机专业某班20个学生的五门主干课程,即计算机组成原理、操作系统、计算机网络基础、数据库系统概论、计算机接口技术的考核得分情况,下面依据上述主成分分析数据挖掘的步骤对这五门课程教学质量进行分析。

(1)首先对20名学生五门主干课程得分情况按公式进行标准化处理。其目的是构造观察指标值原始数据矩阵,并进行数据标准化以消除量纲的影响,标准化处理结果,如表8-2所示。这里用 X_1、X_2、X_3、X_4、X_5 来分别表示计算机组成原理、操作系统、计算机网络、数据库系统概论、计算机接口技术五门专业主干课程考核成绩标准化结果。

表 8-2　标准化处理结果

班级号	标准化处理结果				
	X_1	X_2	X_3	X_4	X_5
S_1	0.106 7	0.663 3	1.502 5	1.505 2	−0.085 2
S_2	0.947 1	0.274 1	0.332 3	0.332 3	−0.133 9
S_3	1.528 9	1.507 4	1.309 7	1.309 7	0.255 6
S_4	−1.832 7	0.757 0	0.625 5	0.625 5	1.326 5
S_5	−0.604 4	−0.715 1	−1.036 1	−1.036 1	−0.945 2
⋮	⋮	⋮	⋮	⋮	⋮
S_{15}	0.106 7	−0.843 9	−1.074 0	−1.427 0	−1.026 3
S_{16}	0.753 1	−0.867 2	0.247 9	−0.351 9	−0.734 2

续表

班级号	标准化处理结果				
	X_1	X_2	X_3	X_4	X_5
S_{17}	$-0.410\,5$	$-1.200\,9$	$-1.624\,8$	$-1.231\,5$	$-0.912\,7$
S_{18}	$0.817\,8$	$-1.160\,0$	$-0.853\,7$	$-0.742\,8$	$-0.425\,9$
S_{19}	$-0.281\,2$	$0.045\,8$	$1.349\,4$	$0.039\,1$	$-0.685\,6$
S_{20}	$1.141\,0$	$0.701\,3$	$0.468\,2$	$1.016\,5$	$0.920\,9$

（2）按皮尔逊公式计算上述标准化后五项指标的相关系数矩阵，再从相关系数矩阵出发，计算各主成分的特征值、方差贡献率、累计贡献率和特征向量。

于是得到五个主成分与标准化五个变量的关系为

$$\begin{cases} F_1 = 0.203\,2X_1 + 0.555\,5X_2 + 0.394\,2X_3 + 0.520\,8X_4 + 0.472\,8X_5 \\ F_2 = 0.973\,8X_1 - 0.125\,6X_2 - 0.005\,0X_3 - 0.174\,0X_4 - 0.075\,3X_5 \\ F_3 = -0.060\,6X_1 - 0.020\,8X_2 + 0.845\,0X_3 - 0.125\,4X_4 - 0.515\,9X_5 \\ F_4 = -0.082\,0X_1 - 0.138\,8X_2 + 0.302\,5X_3 - 0.657\,8X_4 + 0.670\,7X_5 \\ F_5 = 0.004\,0X_1 - 0.809\,9X_2 + 0.197\,6X_3 + 0.500\,1X_4 + 0.234\,2X_5 \end{cases} \quad (8\text{-}5)$$

由表 8-3 可以看出，前三个主成分 F_1、F_2、F_3 的累计贡献率为 93.25%，满足大于等于 80% 的条件，因此，可以用前三个主成分进行综合评价。在第一个主成分 F_1 的表达式中，X_2，X_4，X_5 指标上有着较高的载荷系数，可以较好地反映操作系统、数据库系统和计算机接口原理三门课程学生认知水平。在第二主成分 F_2 的表达式中，X_1 的载荷系数较大，可以较好地反映计算机组成原理课程的学生认知水平。在 F_3 的表达式中，X_3 的载荷系数最大，是学生计算机网络课程认知水平方面的反映。从以上分析可知，某些学生的第一主成分得分较高，则说明这些学生在操作系统、数据库系统和计算机接口原理课程认知水平较高，可以在以后的教学过程中着力提高他们的计算机组成原理和计算机网络课程的认知水平。若第二主成分得分较高，则说明这些学生计算机组成原理认知水平较高，可加强操作系统，计算机网络，数据库系统，计算机接口原理课程认知水平的教育教学。由此可知，只须选取前三个主成分即可对计算机专业教育质量计算机组成原理、操作系统、计算机网络、数据库系统概论、计算机接口技术五门专业主干课认知水平进行恰当的综合评价。其综合评价函数为下式子：

$$F = \sum_{i=1}^{n} \lambda_i F_i = 0.609\,4F_1 + 0.183\,4F_2 + 0.139\,7F_3 \quad (8\text{-}6)$$

式中，λ_i 为 F_i 的方差贡献率。

表 8-3　特征值及其特征向量

主成分	特征值	贡献率	累计贡献率	X_1	X_2	X_3	X_4	X_5
F_1	$3.047\,1$	$0.609\,4$	$0.609\,4$	$0.203\,2$	$0.555\,5$	$0.394\,2$	$0.520\,8$	$0.472\,8$
F_2	$0.917\,1$	$0.183\,4$	$0.792\,8$	$0.973\,8$	$-0.125\,6$	$-0.005\,0$	$-0.174\,0$	$-0.075\,3$
F_3	$0.698\,6$	$0.139\,7$	$0.932\,6$	$-0.060\,6$	$-0.020\,8$	$0.845\,0$	$-0.125\,4$	$-0.515\,9$
F_4	$0.276\,6$	$0.055\,3$	$0.987\,9$	$-0.082\,0$	$-0.138\,8$	$0.302\,5$	$-0.657\,8$	$0.670\,7$
F_5	$0.060\,6$	$0.012\,1$	$1.000\,0$	$0.004\,0$	$-0.809\,9$	$0.197\,6$	$0.500\,1$	$0.234\,2$

在式（8-5）中，F_i 前面的系数为其所对应的表 8-3 中的方差贡献率，按该公式可计算出 5 个主成分得分，根据 5 个主成分得分，按式（8-6）即可计算出每位学生的综合得分（F 值）以及按得分顺序排定的名次，如表 8-4 所示。

表 8-4 各主成分得分及综合得分情况分析

班级编号	F_1	F_2	F_3	F	次序
S_1	0.730 4	−0.247 2	0.164 4	0.422 7	6
S_2	0.042 7	0.882 2	−1.017 2	0.045 7	9
S_3	1.397 5	1.092 4	0.750 2	1.156 8	2
S_4	0.654 3	−2.182 0	−0.436 5	−0.062 6	12
S_5	−0.633 0	−0.263 6	1.830 6	−0.178 3	13
⋮	⋮	⋮	⋮	⋮	⋮
S_{15}	−1.202 4	0.564 7	−0.225 0	0.660 6	4
S_{16}	−0.436 2	0.999 9	0.723 5	0.018 6	10
S_{17}	−1.411 5	0.044 0	−0.834 9	−0.968 7	19
S_{18}	−0.803 7	1.156 5	−0.519 2	−0.350 2	17
S_{19}	0.112 5	−0.252 2	1.800 8	0.273 9	7
S_{20}	0.112 5	0.808 7	−0.347 8	0.717 9	3

（3）结果分析

在表 8-4 中，按综合得分大小排序，就可得到每位学生计算机专业课程考核中的名次，具体结果见表 8-4 的最后一列。综合得分为负数的学生，表明该生的专业认知水平居于平均水平之下，显然，依据综合得分的排名是科学的、客观的和有参考价值的，用它来评价学生专业认知水平要比用原始总分评价要好，主要原因是因为各原始分数由于性质不同，一般不能简单叠加。

在上例中，计算机专业的学生在计算机组成原理、操作系统、计算机网络、数据库系统概论、计算机接口技术五门专业主干课认知水平五个方面的信息，可以用三个主成分来反映，其信息损失率仅仅为 6.74％，因而可用这三个主成分全面对学生计算机专业课程认知水平的教育质量进行综合评价，综合评价的结果能够使学校清楚了解和掌握计算机专业课程教育质量实际情况，对学校而言，上述的主成分分析法可以为教育管理部门进一步改善教学质量提供更为客观的参考依据，对于每个学员而言，通过主成分分析，可以了解到自己专业认知水平的程度，有利于帮助学生找出自己的不足，激发奋发向上的热情。

4. 结语

主成分分析以少数的综合指标取代原有的多个指标，使得数据结构大大简化，并且综合指标具有较强的综合信息、解释实际意义的能力。采用主成分分析数据挖掘来评价高职院校的课堂教学质量，可以达到化繁为简，更具可操作性，能为高职院校提高教育质量，进而提升整体办学水平提供科学客观的参考和依据。

本章参考文献

[1] 金德琅.社区教育居民满意度测评的理论与实践[J].上海:成才与就业,2012,(6).

[2] 岑咏霆.社区教育社区成员满意度测评模糊模型[J].北京:数学的实践与认识,2011,(11).

[3] 方薇.玉林青少年空间提供社区教育服务满意度调查研究[D].成都:电子科技大学,2013.

[4] 刘武,杨雪.中国高等教育顾客满意度指数模型的构建[J].哈尔滨:公共管理学报,2007,(1).

[5] 谢永飞,刘衍军.高校来华留学生的教育满意度测评—以江西省为例[J].沈阳:现代教育管理,2010,(6).

[6] 张蓓,文晓薇.研究型大型研究生教育满意度模型实证分析—基于华南地区6所研究型大学的调查[J].武汉:中国高教研究,2014,(2).

[7] 谢中华.MATLAB统计分析与应用40个案例分析[M].北京:北京航空航天大学出版社,2010.

[8] 杜强,贾丽艳.SPSS统计分析从入门到精通[M].北京:人民邮电出版社,2009.

[9] 杨宝军.因子分析在学生成绩综合评价中的应用[J].宜宾:宜宾学院学报,2010,(6).

第9章 遗传算法应用研究

9.1 遗传算法概述

遗传算法是模拟达尔文生物进化论的自然选择和遗传学机理的生物进化过程的计算模型,是一种通过模拟自然进化过程搜索最优解的方法,它最初由美国 Michigan 大学 J. Holland 教授于 1975 年首先提出来的,并出版了颇有影响的专著《Adaptation in Natural and Artificial Systems》,遗传算法这个名称才逐渐为人所知,J. Holland 教授所提出的遗传算法通常为简单遗传算法(SGA)。该算法是一类借鉴生物界的进化规律(适者生存,优胜劣汰遗传机制)演化而来的随机化搜索方法,其主要特点是直接对结构对象进行操作,不存在求导和函数连续性的限定,具有内在的隐并行性和更好的全局寻优能力;采用概率化的寻优方法,能自动获取和指导优化的搜索空间,自适应地调整搜索方向,不需要预先确定规则。近年来遗传算法已被广泛地应用于组合优化、机器学习、信号处理、自适应控制和人工生命等领域,并成为现代智能计算中的关键技术之一。

9.1.1 遗传算法的发展历程

20 世纪 50 年代中期仿生学诞生,许多科学家尝试从生物中寻求新的用于人造系统的灵感,并从生物进化的机理中寻求适合于现实世界复杂问题优化的模拟进化算法,主要有 Ellernerrnann 等创立的遗传算法,Rechenberg 和 Schwefel 创立的进化策略以及 Fogeld,Owens 等创立的进化规划。遗传算法、进化策略及进化规划均来源于达尔文的进化论,但三者侧重的进化层次不同,其中遗传算法的研究最为深入持久和具有较广泛的应用面。

从 20 世纪 60 年代开始,密切根大学教授 Holland 开始研究自然和人工系统的自适应行为,在这些研究中,他试图发展一种用于创造通用程序和机器的理论,这种通用程序和机器具有适应任意环境的能力。20 世纪 60 年代中期至 70 年代末期,基于语言智能和逻辑数字智能的传统人工智能十分兴盛,而基于自然进化的思想则遭到怀疑和反对,Holland 及他的博士生仍坚持了这一方向的研究,例如,博士生 Bagley 首次提出"遗传算法"一词并发表了第一篇有关遗传算法应用的论文,在他开创性的博士论文中采用双倍体编码,发展了与目前类似的复制、交换、突变、显性、倒位等基因操作,他还敏锐地察觉到防止早熟收敛的机理,并提出了自组织遗传算法的概念;又如博士生 Rosenberg 在他的博士论文中进行了单细胞生物群体的计算机仿真研究,对以后函数优化的研究具有较大的启发作用,发展了自适应交换策略有关理论。

进入 20 世纪 80 年代,随着以符号系统模仿人类智能的传统人工智能暂时陷入困境,神经网络、机器学习和遗传算法等从生物系统底层模拟智能的研究重新复活并获得繁荣,

Goldberg 在遗传算法研究中起着继往开来的作用。他在 1983 年的博士论文中第一次把遗传算法用于实际的工程系统煤气管道的优化。从此,遗传算法的理论研究更为深入和丰富,应用研究更为广泛和完善。自 1985 年起,遗传算法及其应用国际会议每两年召开一次,有关人工智能的会议和刊物上都有遗传算法相关专题。

20 世纪 90 年代,由于遗传算法能有效地求解组合优化问题及非线性多模型、多目标的函数优化问题,从而得到了许多学科的广泛重视,一些学者也认识到求解复杂问题最优解是不现实的,故而转向寻求满意解,而遗传算法正是求解满意解最佳工具之一。

9.1.2 遗传算法的理论研究概况

遗传算法理论研究内容主要包括分析遗传算法的编码策略、全局收敛性和搜索效率的数学基础、遗传算法的新结构研究、基因操作策略及其性能研究、遗传算法参数的选择等。

进入 21 世纪,近年来有关遗传算法全局收敛性的分析取得了突破,Goldberg 和 Segrest 首先使用了马尔科夫链分析了遗传算法,Eiben 等用马尔科夫链证明了保留最优个体的 GA 的概率性全局收敛,Rudolph 用齐次有限马尔科夫链证明了带有复制、交换、突变操作的标准遗传算法收敛不到全局最优解,建议改变复制策略以达到全局收敛;Muhlenbein 研究了达到全局最优解的遗传算法的时间复杂性问题,但上述收敛性结论均基于分析简化的遗传算法模型,对于复杂遗传算法的收敛性分析仍是困难的。后来,Holland 模式定理建议采用二进制编码,这得到许多学者的支持。

9.1.3 遗传算法的应用领域分析

遗传算法的应用研究比理论研究更为丰富,已渗透到众多学科。遗传算法应用按其方式可分为三大领域,即基于遗传的优化计算,基于遗传的优化编程、基于遗传的机器学习,分别简称为遗传计算(Genetic Computation)、遗传编程(Genetic Programming)、遗传学习(Genetic Learning)。

遗传算法的研究归纳可分为理论与技术研究、应用研究两个方面。理论与技术研究主要从遗传操作、群体大小、参数控制、适应度评价以及并行实现技术等方面来提高遗传算法的性能;应用研究则是遗传算法的主要方向,开发遗传算法的商业软件、开拓更广泛的遗传算法应用领域是其应用研究的主要方面。遗传算法是当今十分活跃的研究领域,遗传算法的研究正在向理论的深度、技术的多样化以及应用的广度方向不断地发展,遗传算法提供了一种求解复杂系统优化问题的通用框架,它不依赖于问题的具体领域,对问题的种类有很强的稳健性,因此有着广泛的应用领域。

(1) 函数优化

函数优化是遗传算法的经典应用领域,也是对遗传算法进行性能评价的常用算例。许多学者已构造出了各种各样的复杂形式的测试函数,有连续函数也有离散函数,有凸函数也有凹函数,有低维函数也有高维函数,有确定函数也有随机函数,有单峰值函数也有多峰值函数等,用这些几何特性各具特色的函数来评价遗传算法的性能,更能反映遗传算法的本质效果。

(2) 组合优化

随着问题规模的增大,组合优化问题的搜索空间也急剧扩大,有时在目前的计算机上用枚举法很难或甚至不可能求出其精确最优解。对这类复杂问题,人们已意识到应把主要精力放在寻求其满意解上,而遗传算法是寻求这种满意解的最佳工具之一。实践证明,遗传算法已经在求解旅行商问题、背包问题、装箱问题、布局优化、图形划分问题等各种难点问题中得到了成功的应用。

（3）生产调度问题

生产调度问题在很多情况下建立起来的数学模型难以精确求解,即使经过一些简化之后可以进行求解,也会出现求解结果与实际相差甚远的现象。在现实生产中通常是靠一些经验来进行调度。现在,遗传算法已成为解决复杂调度问题的有效工具,在单件生产车间调度、流水线生产间调度、生产规划、任务分配等方面遗传算法都得到了有效地应用。

（4）自动控制

在自动控制领域中有许多与优化相关的问题需要求解,遗传算法已在其中得到了较好的应用。例如用遗传算法进行航空控制系统的优化、使用遗传算法设计空间交换控制器、基于遗传算法的模糊控制器的优化设计、基于遗传算法的参数辨识、基于遗传算法的模糊控制规则的学习、利用遗传算法进行人工神经网络的结构优化设计和权值学习等,这些都显示出了遗传算法在自动化控制领域中应用的巨大潜力。

（5）机器人学

机器人是一类复杂且难以精确建模的人工系统,而遗传算法的起源就来自于人工自适应系统的研究,所以,机器人学理所当然地成为遗传算法的一个重要应用领域。例如,遗传算法已经在移动机器人路径规划、关节机器人运动轨迹规划、机器人逆运动学求解、细胞机器人结构优化和行为协调等方面得到较为深入的研究和应用。

（6）图形图像处理

图像处理是计算机视觉中的一个重要研究领域。在图像处理过程中,扫描、特征提取、图像分割等不可避免地存在着一些误差,从而影响图像的效果。如何使这些误差最小是使计算机视觉达到实用化的重要前提。遗传算法在这些图像处理中的优化计算方面找到了用武之地,目前已在模式识别（包括汉字识别）、图像恢复、图像边缘特征提取等方面得到了较好的应用。

（7）人工生命

人工生命是用计算机、机械等人工媒体模拟或构造出的具有自然生物系统特有行为的人造系统,自组织能力和自学习能力是人工生命的两大主要特征,人工生命与遗传算法有着密切的关系。基于遗传算法的进化模型是研究人工生命现象的重要基础理论,虽然人工生命的研究尚处于启蒙阶段,但遗传算法已在其进化模型、学习模型、行为模型、自组织模型等方面显示出了较好的应用能力。人工生命与遗传算法相辅相成,遗传算法为人工生命研究提供一个有效工具,人工生命的研究促进了遗传算法进一步发展。

（8）遗传编程

遗传编程是美国 Standford 大学的 Koza 教授首先提出的,其基本思想是:采用树形结构表示计算机程序,运用遗传算法的思想,通过自动生成计算机程序来解决问题。虽然遗传编程的理论尚未成熟,应用也有一些限制,但它已成功地应用于人工智能、机器学习等领域。

（9）机器学习

学习能力是高级自适应系统所具备的能力之一,基于遗传算法的机器学习,在很多领域中都得到了应用。例如,遗传算法被用于学习模糊控制规则,利用遗传算法来学习隶属度函数,从而更好地改进了模糊系统的性能;基于遗传算法的机器学习可用来调整人工神经网络的连接权,也可用于人工神经网络结构优化设计。

（10）数据挖掘

数据挖掘是近年来出现的一种数据库技术,它能够从大型数据库中提取隐含的、先前未知的、有潜在应用价值的知识和规则。许多数据挖掘问题可看成是搜索问题,数据库可看作搜索空间,挖掘算法可视为搜索策略。例如可应用遗传算法在数据库中进行搜索,对随机产生的一组规则进行进化,直到数据库能被该组规则覆盖,从而挖掘出隐含在数据库中的规则。

（11）并行处理

并行处理遗传算法的研究十分活跃,并行处理研究不仅对遗传算法本身的发展,而且对于新一代智能计算机体系结构的研究都是十分重要的。遗传算法在解决一些实际问题时,由于它一般具有较大的群体规模,需要对较多的个体进行大量的遗传和进化操作,特别是要对大量个体进行适应度计算或评价,从而使得算法的进化运算过程进展缓慢,难以达到计算速度的要求,因而遗传算法并行计算问题受到重视。人们认识到对遗传算法进行并行处理的可能性,于是提出了多种基于各种并行计算机或局域网的并行遗传算法。这些并行遗传算法主要从下列四个方面对其进行改进和发展。

① 个体适应度评价的并行性。个体适应度的评价或计算在遗传算法的运行过程中所占用的运行时间比较长,通过对个体适应度并行计算方法的研究可找到并行评价个体适应度的算法。

② 整个群体中各个个体的适应度评价的并行性。群体中各个个体适应度之间无相互依赖关系,这样各个个体的适应度计算过程就可以相互独立、并行地进行。即不同个体的适应度计算可以在不同的处理机上同时进行。

③ 群体产生过程的并行性。在父代群体产生下一代群体过程中,选择操作只与个体的适应度有关,而交叉和变异操作只与参加运算的个体编码有关。这样,产生群体过程中的选择、交叉、变异操作就可以相互独立地并行进行。

④ 基于群体分组的并行性,可以对群体按一定方式进行分组,分组后各组个体遗传进化过程可以在不同的处理机上相互独立地进行,各处理机之间相互交换信息。

（12）与相关算法日益结合

遗传算法和进化规划、进化策略等进化计算理论日益结合。同遗传算法一样,进化规划与进化策略也是模拟自然界生物进化机制的智能计算方法,既与遗传算法具有相同之处,也有各自的特点。目前,这三者之间的比较研究和彼此结合的探讨成为了热点。另外,遗传算法和人工生命这一崭新研究领域正在不断相互渗透,人工生命即是用计算机模拟自然界丰富多彩的生命现象,其中生物的自适应、进化和免疫等现象是人工生命的重要研究对象,而遗传算法在这方面也发挥着重要的作用。

9.2　遗传算法的概念、特点及实现步骤

1. 遗传算法

遗传算法是从代表问题可能潜在的解集的一个种群开始的,而一个种群则由经过基因

(gene)编码的一定数目的个体(individual)组成,每个个体实际上是染色体(chromosome)带有特征的实体。染色体作为遗传物质的主要载体,即多个基因的集合,其内部表现(即基因型)是某种基因组合,它决定了个体形状的外部表现,例如,黑头发的特征是由染色体中控制这一特征的某种基因组合决定的。遗传算法首先需要实现从表现型到基因型的映射即编码工作,由于仿照基因编码的工作很复杂,往往需要进行简化,如二进制编码。初代种群产生之后,按照适者生存和优胜劣汰的原理,逐代(generation)演化产生出越来越好的近似解,在每一代,根据问题域中个体的适应度(fitness)大小选择(selection)个体,并借助于自然遗传学的遗传算子(genetic operators)进行组合交叉(crossover)和变异(mutation),产生出代表新的解集的种群,这个过程将导致种群像自然进化一样的后生代种群比前代更加适应于环境,末代种群中的最优个体经过解码(decoding),可以作为问题的近似最优解。

2. 遗传算法特点

遗传算法具有以下几方面的特点。

(1) 遗传算法从问题解的串集开始搜索,而不是从单个解开始。这是遗传算法与传统优化算法的较大区别。传统优化算法是从单个初始值迭代求最优解的,容易误入局部最优解。遗传算法从串集开始搜索,覆盖面大,有利于全局择优。

(2) 遗传算法同时处理群体中的多个个体,即对搜索空间中的多个解进行评估,减少了陷入局部最优解的风险,同时算法本身易于实现并行化。

(3) 遗传算法基本上不用搜索空间的知识或其他辅助信息,而仅用适应度函数值来评估个体。在此基础上进行遗传操作,适应度函数不仅不受连续可微的约束,而且其定义域可以任意设定,这一特点使得遗传算法的应用范围大大扩展。

(4) 遗传算法不是采用确定性规则,而是采用概率的变迁规则来指导搜索的方向。

(5) 具有自组织、自适应和自学习性。遗传算法利用进化过程获得的信息自行组织搜索时,适应度大的个体具有较高的生存概率,并获得更适应环境的基因结构。

总之,遗传算法提供了一种求解复杂系统问题的通用框架,它不依赖于问题的具体领域,对问题的种类有很强的稳健性,所以被广泛应用于多种学科。

3. 遗传算法实现的步骤和过程

(1) 实现步骤

① 建立初始状态。初始种群是从解中随机选择出来的,可将这些解比喻为染色体或基因,该种群被称为第一代,这和符号人工智能系统的情况不一样,在那里问题的初始状态已经给定了。遗传算法中初始群体中的个体是随机产生的。一般来讲,初始群体的设定可采取如下的策略:首先根据问题固有知识,设法把握最优解所占空间在整个问题空间中的分布范围,进而在此分布范围内设定初始群体。其次,先随机生成一定数目的个体,然后从中挑出最好的个体加到初始群体中,这种过程不断迭代,直到初始群体中个体数达到了预先确定的规模。

② 评估适应度。对每一个解(染色体)指定一个适应度的值,根据问题求解的实际接近程度来指定,以便逼近求解问题的答案。

③ 繁殖(包括子代突变)。带有较高适应度值的那些染色体更可能产生后代。后代是父母的产物,他们由来自父母的基因结合而成,这个过程被称为"杂交"。如果新的一代包含一个解,能产生一个充分接近或等于期望答案的输出,那么问题就已经解决了;如果情况并

非如此,新的一代将重复他们父母所进行的繁衍过程,一代一代演化下去,直到达到期望的解为止。

（2）运算过程

遗传算法模拟了生物基因遗传过程,在遗传算法中,通过编码组成初始群体后,遗传操作的任务就是对群体的个体按照它们对环境适应度（适应度评估）施加一定的操作,从而实现优胜劣汰的进化过程。从优化搜索的角度而言,遗传操作可使问题的解一代又一代地优化,并逼近最优解。

遗传操作包括以下三个基本遗传算子,即选择（selection）、交叉（crossover）和变异（mutation）。遗传操作的效果和上述三个遗传算子所取的操作概率、编码方法、群体大小、初始群体以及适应度函数的设定密切相关。这三个遗传算子有如下特点。

1）选择

从群体中选择优胜的个体,淘汰劣质个体的操作称为选择。选择算子有时又称为再生算子（reproduction operator）。选择的目的是把优化的个体（或解）直接遗传到下一代或通过配对交叉产生新的个体再遗传到下一代。选择操作是建立在群体中个体的适应度评估基础上的,目前常用的选择算子有以下几种:轮盘赌选择法、随机遍历抽样法、局部选择法等。其中,轮盘赌选择法（roulette wheel selection）是最常用的选择方法。在该方法中,各个个体的选择概率和其适应度值成比例。显然,概率反映了个体 i 的适应度在整个群体的个体适应度总和中所占的比例,个体适应度越大,其被选择的概率就越高,反之亦然。计算出群体中各个个体的选择概率后,为了选择交配个体,需要进行多轮选择。每一轮产生一个[0,1]之间均匀随机数,将该随机数作为选择指针来确定被选个体。个体被选后,可随机地组成交配配对,以供后面的交叉操作使用。

2）交叉

在自然界生物进化过程中起核心作用的是生物遗传基因的重组,同样,遗传算法中起核心作用的是遗传操作的交叉算子。所谓交叉是指把两个父代个体的部分结构加以替换重组而生成新个体的操作。通过交叉,遗传算法的搜索能力得以飞跃提高。

交叉算子根据交叉率将种群中的两个个体随机地交换某些基因,能够产生新的基因组合,其目标是将有益基因组合在一起。根据编码表示方法的不同,可以有以下的算法。

① 实值重组（real valued recombination）。包括离散重组、中间重组、线性重组、扩展线性重组。

② 二进制交叉。包含单点交叉、多点交叉、均匀交叉、洗牌交叉、缩小代理交叉。其中,最常用的交叉算子为单点交叉（one-point crossover）。

3）变异

变异算子的基本内容是对群体中的个体串的某些基因的基因值作适当的变动。依据个体编码表示方法的不同,可分为实值变异和二进制变异两种算法。

一般来说,变异算子操作的基本步骤如下。

① 对群中所有个体以事先设定的变异概率判断是否进行变异。

② 对进行变异的个体随机选择变异位进行变异。

遗传算法引入变异的目的有两个:一是使遗传算法具有局部的随机搜索能力,二是使遗传算法可维持群体多样性,以防止出现未成熟收敛现象。

4）终止条件

当最优个体的适应度达到给定的阈值，或者最优个体的适应度和群体适应度不再上升时，或者迭代次数达到预设的代数时，算法终止，预设的代数一般设置为 100～500 代。

5）评估编码策略

常采用以下 3 个规范。

① 完备性（completeness）：问题空间中的所有点（候选解）都能作为遗传算法空间中的点（染色体）。

② 健全性（soundness）：遗传算法空间中的染色体能对应所有问题空间中的候选解。

③ 非冗余性（nonredundancy）：染色体和候选解一一对应。

目前常用的编码技术有二进制编码、浮点数编码、字符编码等。

而二进制编码是遗传算法中最常用的编码方法，即是用二进制字符集{0,1}产生 0 与 1 字符串来表示问题空间的候选解，该法具有简单易行、符合最小字符集编码原则、便于用模式定理进行分析等特点。

6）适应度函数

进化论中的适应度，是表示某一个体对环境的适应能力，也表示该个体繁殖后代的能力。遗传算法的适应度函数被称为评价函数，是用来判断群体中的个体的优劣程度的指标，它是根据所求问题的目标函数来进行评估的。适应度函数的设计应满足以下规则：①单值、连续、非负、最大化；②合理、一致性；③计算量小；④通用性强。在具体应用中，适应度函数的设计要结合求解问题本身的要求而定，适应度函数设计将直接影响遗传算法的性能。

9.3 基于遗传算法的物流配送网点选址研究

1. 引言

物流选址是提高物流系统运作效率的关键问题之一。近年来，物流选址理论迅速发展，各种物流选址定性与定量的研究算法如雨后春笋，层出不穷，极大地推动了物流业的发展，为国民经济的腾飞提供了强有力的支撑。物流选址问题即是通过科学的算法来确定物流系统中网点的数量、位置和规模，实现合理规划物流网络的结构和布局，从而实现物流成本的最小化。常见的物流系统选址方法有专家选择法、解析法、模拟计算法等，而近年来出现的基于遗传算法等人工智能理论在物流选址问题中的应用，使得物流选址问题的研究进入了新的发展阶段，为进一步高效、科学地解决物流选址问题提供了新的方法[1-4]。

2. 遗传算法及在物流配送网点选址中的优势

（1）遗传算法概述

遗传算法基本思想源于生物遗传学和适者生存的自然法则，是基于迭代过程的一种高效搜索算法。处理过程是以种群中的所有个体为对象，对一个被编码的参数空间进行高效搜索。它可以通过自然进化过程，利用简单的编码技术和繁殖机制来解决较为复杂的问题。遗传算法的优势在于一旦算法的初始参数确定后，算法即可用与问题本身无关的方式来求解问题，在种群的每一代进化过程中进行同样的复制、交换和变异等遗传操作时，仅仅用到了各个个体的适应值，这使得遗传算法具备快速有效地解决组合优化问题和复杂高度非线性化的各类问题的优势。遗传算法的目的是为了找到具有高适应度的特征字符串，它具有较好的操作性，常用的方法是从一个具有一定数量的特征字符串的初始种群开始，循环地执行选择、交换和变异过程，直到满足某个终止条件或准则为止。

（2）遗传算法在物流配送网点选址中的优势

遗传算法是一种较新的全局随机搜索算法，它与传统物流配送网点选址算法相比，具有较强的可操作性，并且对所求解问题本身要求不是非常严格，使用范围也非常广泛。其主要优势为

① 遗传算法是基于全局搜索优化的算法，它的搜索过程是利用迭代的方法从一组解到另一组解，可较好地防止陷入局部最优情况的出现，该算法同时对多个个体进行操作，易于并行化处理和得到全局最优解。

② 用遗传算法进行物流配送网点选址，可以得到一组最优解，这样给选址决策提供了更大的选择空间和参考余地。

③ 用遗传算法进行物流配送网点选址优化要比一般的传统的基于数学规划方法更简单，特别是当问题较为复杂时，其运算速度更快。尤其是当问题规模比较大，用传统常见的算法难以解决时，其优势更为突出。遗传算法可通过适当的遗传操作和反复迭代，能得到最优解或近似最优解，从而得出物流系统配送网点的合理或最佳位置。

④ 遗传算法的处理对象是编码集的个体而不是具体的某个变量。这使得遗传算法可直接对诸如集合、矩阵、树、图、链和表等结构形式的对象进行操作。

⑤ 遗传算法与普通搜索方法相比，具有较好的稳健性。例如：与常用的解析搜索方法相比较，由于它搜索的方式是通常是通过使目标函数梯度为零来求解一组非线性方程，若目标函数连续可微，解的空间方程比较简单，解析法还是可以胜任的，但如果方程的变量有几十或几百个时，就显得力不从心。

3. 遗传算法在物流配送网点选址问题中具体实现步骤

（1）依据物流选址问题实际，确定编码方案

对于物流系统网点选址问题，编码方案通常采用二进制或顺序表达法。

（2）生成初始种群

依据制定的编码方案，随机生成 K 个个体，构成随后迭代的起始点。

（3）遗传操作

① 遗传操作。选择采用轮盘赌法的方式，即按复制概率进行选择、交换和变异。

② 遗传参数的选定。根据被选地点数目多少来确定种群规模、复制、交换、变异概率及最大迭代次数。

③ 解除约束。根据物流配送网点选址问题特点，可采用惩罚策略，惩罚策略是用遗传算法解决约束优化问题经常采用的方法，它是通过惩罚不可行解，将约束问题转化为无约束问题一种常用的技术。

（4）终止准则与最优解的确定

1）根据物流系统配送网点选址问题的特点，可考虑以下三种终止的准则。

① 如果在设定的最大运行迭代次数内得到了最优解则终止。

② 达到设定的最大迭代次数则终止。

③ 当满足预先设定的条件时,即便没有得到最优解也终止。

2)最优解的确定

① 群体中的最优个体即为最优解。

② 在群体中寻求比较好的个体,该结果即为最优解。

③ 满足设定条件的个体即为最优解或近似最优解。

④ 当得到的最优解或满意解有多个时,可以根据实际情况,取比较合理的一个解作为问题的解。

4. 遗传算法在物流选址中的应用算例

上面在讨论遗传算法在物流选址应用中的优势,同时给出了遗传算法在物流选址中的实现步骤,下面给出一个简单的实例来说明遗传算法在该类问题中的可行性及实现过程。

在实际应用中,使用传统的方法来实现遗传算法,可以想象,其过程和步骤是非常烦琐和复杂的,我们可以借助 MATLAB 这一强大的科学计算软件中相应的遗传算法工具箱的有关功能,依据实际问题的特性来设置相关的参数,进而达到利用遗传算法来解决问题的目的。

常用的 MATLAB 遗传算法工具箱有三个,分别是英国谢菲尔德(Sheffield)大学开发的 gatbs 工具箱、美国北卡罗来纳州州立大学(The North Carolina State University)开发的遗传算法最优化工具箱以及 MATLAB 自带的遗传算法与直接搜索工具箱。MATLAB 自 7.0 版本以后的版本均自带了遗传算法工具箱 GADST,它是一个集成了遗传算法的主函数、各个子函数和一些绘制图形图像的函数库[5],这个功能强大的函数库的主函数为 ga,该主函数可以根据优化问题类型的不同,分别调用不同的函数。例如,当求解问题是无约束优化问题时,调用函数 gaunc;当问题是求解有约束的优化问题时,调用函数 galincon(线性约束)或 gacon(非线性约束)。下面的算例就是采用了 MATLAB 自带的遗传算法工具箱 GADST 来求解的。例:设某区域内有 6 家零售点,拟建一个物流配送点,已知这 6 家零售点地址坐标为(x_i, y_i),需货量为 w_i,该配送点到零售点每单位重量、单位距离所需运费为 a_i,具体数据如表 9-1 所示,试求该配送点位置坐标,使得总运输费用最小。

表 9-1 零售点坐标与相关需求量

零售点编号	x_i/公里	y_i/公里	w_i/吨	a_i/元
1	53	8	30	0.1
2	43	85	11	0.15
3	95	34	22	0.2
4	63	79	16	0.16
5	91	62	12	0.23
6	72	33	26	0.21

分析:为使问题简单化,可用两点之间距离来代替配送点到零售点的距离。问题可归结为求总运输费用 H。

$$H = \sum_{i=1}^{6} a_i w_i d_i = \sum_{i=1}^{6} a_i w_i [(x_0 - x_i)^2 + (y_0 - y_i)^2]$$

的极小值点问题。

下面使用 MATLAB 遗传算法工具箱来解决该问题,其过程与步骤如下。

(1) 启动 MATLAB,在命令窗口输入 gatool,打开 MATLAB 遗传工具箱。

(2) 构建适应度函数 func 如下:

function z＝func(x)

f1＝((x(1)−52).^2+(x(2)−9).^2)∗0.5;

f2＝((x(1)−42).^2+(x(2)−86).^2)∗0.5;

f3＝((x(1)−93).^2+(x(2)−33).^2)∗0.5;

f4＝((x(1)−62).^2+(x(2)−78).^2)∗0.5;

f5＝((x(1)−90).^2+(x(2)−60).^2)∗0.5;

f6＝((x(1)−70).^2+(x(2)−30).^2)∗0.5;

z＝30∗f1＋11∗f2＋22∗f3＋16∗f4＋12∗f5＋26∗f6;

在遗传算法工具箱 GUI 界面中的 Fitness function 选项后输入@func

(3) 在 Number of Variables 项后填入 2,即变量数为 2。

(4) 在 Plots 中选中 Best fitness(最优化个体的适应度函数)和 Best individual(最优化个体)两个复选框。

(5) 在 Population size 项中设置种群大小为 100;在 Reproduction 中,设置 EliteCount(精英数目)为 10,CrossoverFraction(交叉后代比例)为 0.75;在 Stopping criteria 中分别设置 Generations(最大进化代次)、Stall generations(停止代数)为 500 和 500,使得遗传算法能够在进化到 500 代时终止。

(6) 其余选项保持默认设置。

(7) 单击 Start 开始运行遗传算法。

运行结果如图 9-1 所示。

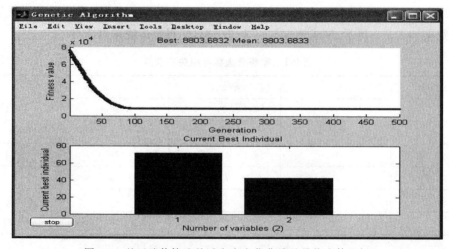

图 9-1　基于遗传算法的适应度变化曲线及最优个体坐标

由图 9-1 可以看出，经 MATLAB 遗传工具箱处理后得到结果为

$$x_0 = 71.801\ 25, y_0 = 42.520\ 59$$

即配送点的地址坐标选在点 $(x_0, y_0) = (71.801\ 25, 42.520\ 59)$，总运输费用最小。

这里给出的算例虽然较为简单，没有涉及过多的变量，仅为一个物流配送点的选址问题，但由此算例可以看出遗传算法的优势还是很明显的。实际上，如果问题涉及多个变量的复杂情况，运用遗传算法的优势更为明显，该算法可以快速地得到最优目标解，具可达到相应的精确度。

5. 结语

本研究通过分析遗传算法应用于物流系统配送网点的选址问题的优势，根据物流系统配送网点的选址问题实际特点，研究了物流系统配送网点的选址的遗传算法实现步骤，并给出了一个实际算例，对研究物流系统配送网点的选址有一定的指导意义。当然在具体应用遗传算法解决物流选址问题过程中，在充分发挥遗传算法的性能的同时，还需注意种群规模选取要适当，适应度函数也应依据实际进行相应的变换，这样才能保证遗传算法的高效率和精准性。

本章参考文献

[1] 刘昌祺. 物流配送中心设计[M]. 北京:机械工业出版社,2001.

[2] 蔡临宁. 物流系统规划—建模及实例分析[M]. 北京:机械工业出版社,2003.

[3] 朱伟生,张洪革. 物流成本管理[M]. 北京:机械工业出版社,2003.

[4] 孙焰. 现代物流管理技术—建模理论及算法设计[M]. 上海:同济大学出版社,2004.

[5] 史峰. MATLAB 智能算法 30 个案例分析[M]. 北京:北京航空航天大学出版社,2011.

第 10 章　分形算法应用研究

10.1　分形理论

10.1.1　分形理论概述

分形概念是美籍数学家曼德布罗特首先提出的,1967 年他在美国权威的《科学》杂志上发表了题为《英国的海岸线有多长?》的著名论文。海岸线作为曲线,其特征是极不规则、极不光滑的,呈现蜿蜒复杂的变化。我们不能从形状和结构上区分这部分海岸与那部分海岸有什么本质的不同,这种几乎同样程度的不规则性和复杂性,说明海岸线在形貌上是自相似的,也就是局部形态和整体形态的相似。在没有建筑物或其他东西作为参照物时,在空中拍摄的 100 公里长的海岸线与放大了的 10 公里长海岸线的两张照片,看上去会十分相似。事实上,具有自相似性的形态广泛存在于自然界中,如:连绵的山川、飘浮的云朵、岩石的断裂口、布朗粒子运动的轨迹、树冠、花菜等等,曼德布罗特把这些部分与整体以某种方式相似的形体称为分形(fractal)。1975 年,他创立了分形几何学(fractal geometry)。在此基础上,形成了研究分形性质及其应用的科学,称为分形理论(fractal theory)。

分形理论既是非线性科学的前沿和重要分支,又是一门新兴的学科。作为一种方法论和认识论,其启示主要体现在以下三个方面:第一,分形理论描述了整体与局部形态的相似,启发人们通过认识部分来认识整体,从有限中认识无限;第二,分形理论揭示了介于整体与部分、有序与无序、复杂与简单之间的新形态、新秩序;第三,分形从特定层面揭示了客观世界普遍联系和统一的内在关联关系。分形(fractal)是近几十年来科学前沿领域提出的一个具有划时代意义非常重要的概念,与混沌(chaos)、孤立子(soliton)一起是非线性科学(non-linear science)中三个最重要的概念。

从分形理论的产生发展阶段来看,可分为以下三个阶段。

第一阶段为 1875 年至 1925 年,在此阶段人们已认识到几类典型的分形集,并且力图对这类集合与经典几何的差别进行描述、分类和刻画。第二阶段大致为 1926 年到 1975 年,人们在分形集的性质研究和维数理论的研究都获得了丰富的成果。第三阶段为 1975 年至今,是分形几何在各个领域的应用取得全面发展,并形成独立学科的阶段。

目前对分形并没有严格的数学定义,只能给出描述性的定义。粗略地说,分形是没有特征长度,但具有一定意义下的自相似图形和结构的总称。英国数学家肯尼斯·法尔科内(Kenneth J. Falconer)在其所著《分形几何的数学基础及应用》一书中认为,对分形的定义即不是寻求分形的确切简明的定义,而是寻求分形的特性,按这种观点,称集合 F 是分形,是指它具有下面典型的性质:第一,F 具有精细结构;第二,F 是不规则的;第三,F 通常具有自相似形式;第四,一般情况下,F 在某种方式下定义的分形维数大于它的拓扑维数。另外,分形是自然形态的几何抽象,如同自然界找不到数学上所说的直线和圆周一样,自然界也不存在"真正的分形",从其背景意义上看,将分形形象地描述为大自然的几何学是恰当的。虽然分形理论从产生到现在仅有 30 多年的历史,但作为一门新兴学科,它已经激起了许多领域中科学家的极大兴趣,分形理论的应用探索已遍及了诸如数学、物理、化学、材料科学、生物与医学、地质与地理学、地震和天文学、计算机科学乃至经济、社会等学科,甚至艺术领域也有它的应用。

10.1.2　分形几何

客观世界中许多事物,具有自相似的层次结构,在理想情况下,甚至具有无穷层次。适当的放大或缩小事物的几何尺寸,整个结构并不改变。不少复杂的物理现象背后就是反映着这类自相似层次结构的分形几何学。

自然界事物都有它自己的特征尺度。例如,用一般的尺子来测量万里长城就嫌太短,而用来测量大肠杆菌又嫌太长;还有的事物没有特征尺度,就必须同时考虑从小到大的许许多多尺度(或者叫标度),这就是"无标度性"的问题。又如,湍流是自然界中普遍现象,小至静室中缭绕的轻烟,大至木星大气中的涡流,都是十分紊乱的流体运动。要描述湍流现象就需要借助流体的"无标度性",而湍流中高漩涡区域,就需要用到分形几何学。

随着计算机信息技术的迅猛发展,利用计算机进行图形显示帮助了人们进一步推开了分形几何的大门。这是一座具有无穷层次结构的宏伟建筑,每一个角落里都存在无限嵌套的迷宫和回廊,促使数学家和科学家如痴如醉的开展着深入的研究。对分形几何产生了重大的推动作用,具有代表性的是法国数学家曼德尔勃罗特这位计算机和数学兼通的人物,他在 1975 年、1977 年和 1982 年先后用法文和英文出版了三本书,特别是《分形—形》《机遇和维数》以及《自然界中的分形几何学》,开创了新的数学分支—分形几何学。并深入阐释了分形几何学的基本思想:客观事物具有自相似的层次结构,局部与整体在形态、功能、信息、时间、空间等方面具有统计意义上的相似性,通常称之为自相似性。典型的例子如下:一块磁铁中的每一部分都像整体一样具有南北两极,不断分割下去,每一部分都具有和整体磁铁相同的磁场。这种自相似的层次结构,适当的放大或缩小几何尺寸,整个结构不变。

分形几何学已在自然科学领域得到了广泛应用。如在显微镜下观察落入溶液中的一粒花粉,会看见它不间断地作无规则布朗运动,这是花粉在大量液体分子的每秒多达十亿次无规则碰撞下表现的平均行为。布朗粒子的轨迹,由各种尺寸的折线连成。只要有足够的分辨率,就可以发现原以为是直线段的部分,其实由大量更小尺度的折线连成。这是一种处处连续,但又处处无导数的曲线。在某些电化学反应中,电极附近沉积的固态物质,以不规则的树枝形状向外增长。受到污染的一些流水中,粘在藻类植物上的颗粒和胶状物,不断因新的沉积而生长,成为带有许多须毛的枝条状,就可以用分维。再如。树木一枝粗干可以分出不规则的枝权,每个枝权继续分为细权……,至少有十几次分支的层次,可以用分形几何学去测量。综上所述,分形作为一种新的概念和方法正在许多领域得到了广泛的应用。正如美国物理学大师约翰·惠勒所说,今后谁不熟悉分形,谁就不能被称为科学上的文化人,由此可见分形的重要性。我国著名学者周海中教授认为:分形几何不仅展示了数学之美,也揭示了世界的本质,还改变了人们理解自然奥秘的方式。可以说分形几何是真正描述大自然的几何学,对它的研究也极大地拓展了人类的认知领域。分形几何学作为当今世界十分风靡和活跃的新理论、新学科,它的出现,使人们重新审视客观世界,认识到世界是非线性的,分形无处不在。分形几何学不仅让人们感悟到科学与艺术的融合,数学与艺术审美的统一,而且还具有其深刻的科学方法论意义。

10.1.3 分形理论的原则与意义

1. 分形理论的原则

(1)自相似原则是分形理论的重要原则。它表征分形在通常的几何变换下具有不变性,即标度无关性。分形形体中的自相似性可以是完全相同,也可以是统计意义上的相似,标准的自相似分形是数学上的抽象,迭代生成无限精细的结构,如科契雪花曲线、谢尔宾斯基地毯曲线等。

(2)分维,作为分形的定量表征和基本参数,是分形理论的又一重要原则。分维,又称分形维或分数维,通常用分数或带小数点的数表示。

2. 分形理论的意义

分形理论自从诞生之后就得到了迅速的发展,并在自然科学、社会科学、思维科学等领域获得了广泛的应用。如今,分形和分维的概念早已从最初所指的形态上具有自相似性质的几何对象这种狭义分形,扩展到了在结构、功能、信息、时间上等具有自相似性质的广义分形。人们在自然、社会、思维等各个领域都发现了分形现象,出现了诸如分形物理学、分形生物学、分形结构地质学、分形地震学、分形经济学、分形人口学等,发现了材料学、化学、天文学中的分形及思维分形、情报分形等等。

分形的概念和思想已成为一种新的科学方法论,即分形方法论。它的内容主要包括以下两点:第一,以分形客体的部分和整体之间的自相似性为锐利的武器,通过认识部分来反映和认识整体,以及通过认识整体来把握和深化对部分的认识;第二,运用分形理论的思想和方法,从无序中发现有序,揭示杂乱、破碎、混沌等极不规则的复杂现象内部所蕴涵的规律。

分形学理论和自组织理论、混沌理论密切相关,它与混沌理论及孤子理论被人们誉为现代非线性科学的三大前沿。分形理论及其分形方法论的提出有着极其重要的科学方法论意义,它打破了整体与部分、混乱与规则、有序与无序、简单与复杂、有限与无限、连续与间断之间的隔膜,找到了它们之间相互过渡的媒介和桥梁,为人们从混沌与无序中认识规律和有序、从部分中认知整体和从整体中认识部分、从有限中认识无限和通过无限深化认识有限等提供了可能和根据。它同系统论、自组织理论、混沌理论等研究复杂性的科学理论一起,共同揭示了整体与部分、混沌与规则、有序与无序、简单与复杂、有限与无限、连续与间隔之间多层面、多视角、多维度的联系方式,使人们对它们之间关系的认识的思维方式由线性阶段进展到了非线性阶段。分形理论及其方法论的诞生和其应用,使人们取得了其他方法所不曾取得的许多新成果,导致了人们对自然界、社会、思维等各个领域中不可胜数的新现象、新规律的发现和破译,充分显示了它的巨大威力和十分重大的科学方法论意义。

10.2 基于分形插值算法的水库泥沙淤积量模型构建研究

分形理论创立于 20 世纪 70 年代,它同混沌理论一起成为继相对论和量子力学问世以来对人类知识体系的又一次巨大贡献。分形理论科学揭示了客观世界非线性系统中有序与无序、确定性和不确定的统一。虽然分形理论产生时间较短,但已成为当今一门重要的新兴学科,被广泛地应用于自然科学和社会科学的众多领域。分形理论借助自相似性原理,深入观察和分析混乱现象中的内在细致结构,较好地适用于自然界、社会活动中广泛存在的看似繁杂无序、但其实存在着某种规律的复杂系统研究,为人们从局部认识整体、从有限认识无限提供了较为科学的定量描述手段[1-4]。

水库泥沙淤积量的预测,对水库合理调度,使其发挥应有的防洪、发电、灌溉、航运、水产养殖等综合效益有着重要意义。而要使水库真正发挥应有的效益,泥沙淤积量预测是一个至关重要、不可忽视的问题。若对水库泥沙淤积量没有进行正确预测和调度,不仅使得水库难以正常发挥其应有的功能,甚至会造成水库堤坝漫溢垮坝等危险。因此,采用科学有效的算法对水库泥沙淤积量进行预测可及时掌握水库泥沙淤积状况,对水库的优化调度,合理安排库容和控制淤积,使水库的综合效益得到长期有效的发挥有着重要的意义。大量实测资料表明:水库泥沙淤积量因其形成的复杂性呈现出较为明显的分形特征。本研究探讨基于分形插值理论的水库泥沙淤积量预测模型的构建,目的是为水库的科学调度和管理提供依据,使水库发挥应有效益。

1. 基于分形理论的插值方法与预测模型构建

分形插值原理是根据分形几何自相似性原理和迭代函数系统 IFS 理论[5],将已知数据插值成具有自相似结构的曲线或曲面,其中每个局部都与整体自相似或统计自相似。因此,分形插值可以有效地避免传统插值方法中任意两个相邻插值点之间的信息通常是用直线或光滑曲线相连接的,掩盖了相邻插值点间的局部变化特征的不足[6],即分形插值是根据整体与局部相似的原理,将插值数据点的变化特征映射到了相邻点之间的局部区域,在相邻的两个信息点之间形成波状起伏的形态,从而得到两信息点之间局部变化特征,这与客观实际中在相邻两个信息点之间通常并不是线性变化的或光滑过度的,而是存在局部变化的特征情形相吻合。因此,对于具有分形特征的事物,用分形插值其结果更符合客观实际情况。

(1) 分形插值方法

分形插值方法一般步骤如下[7]。

① 对于一组待处理的数据,首先从图像出发,建立笛卡儿坐标系,构造一条分形曲线,这条分形曲线实际上就是迭代函数系统 IFS $\{R^2 : W_1, W_2, \cdots W_N\}$ 的吸引子 G。

② 确定其中参数 $a_n, c_n, e_n, f_n (n = 1, 2, \cdots N)$,并选取相应的垂直比例因子 d_n,它作为分形自由参量,可以调整分形插值函数的形状,以满足不同分形的要求,d_n 越小,曲线越平滑,一般选择 $0 \leqslant |d_n| \leqslant 1$。

③ 构造吸引子 $G = \bigcup_{n=1}^{N} W_n(G)$。首先任意选择一个数据集 $A_0 \in F(x)$,然后依据构造吸引子的递归关系,独立取出每个数据顺序使用每个仿射变换,构造一个序列 $\{W_n, n = 0, 1, 2 \cdots N\}$,计算此序列的极限集 A,则 A 就是迭代函数系统 IFS 的吸引子,从而由分形插值得到分形曲线。

(2) 基于分形插值理论的预测模型构建

有关基于分形插值理论预测模型构建问题,常见的方法有运用分形拼贴原理进行构建[8],有的是依据经验给分形插值中的参数赋予相应权重,由此迭代函数系统 IFS 通过初始点启动迭代得到吸引子来对待定值进行预测[9-10],还有的是采取先设定预测点的横、纵坐标,构建新的迭代函数系统 IFS,以一定的步长计算新 IFS 系统与原 IFS 系统均方误差的接近程度来得出预测值的逐步外推法[11-12]等。通过文献查阅和比较,发现采用上述逐步外推算法具有较好的精度和可操作性,可以有效克服依据经验选取各个参数权重而带来的偏差和不确定性。这种外推方法的基本思想是依据历史数据本身具有分形特性,基于历史数据建立区间内的 IFS 迭代系统,将要预测的待定点代入历史数据构成新的数据序列,从而生成新的 IFS 迭代系统,接着对比新的 IFS 迭代系统历史数据的均方误差与原 IFS 迭代系统历史数据的均方误差,当新系统的均方误差与原系统的均方误差相近时,就可以认定该待定点与历史数据点具有一致的分形特性,选取其中均方误差最小的待定点作为给定误差范围内的合理预测值。其具体步骤如下。

① 选取相应的历史数据时间序列样本 $\{(x(n),y(n)),n=1,\cdots,N\}$。

② 将该样本数据进行标准化,即

$$Y_n = \frac{(y_{(n)} - y_{\min})}{(y_{\max} - y_{\min})} \quad (n=1,\cdots,N)$$

③ 选取适当的仿射变换垂直尺度因子 d_i。

④ 按分形插值相关公式计算仿射变换中的相关参数 $a_n,c_n,e_n,f_n(n=1,2,\cdots,N)$,获得该样本集的迭代函数系统 IFS。

⑤ 设欲预测的点的横坐标 X_B,为该预测点设定一个较为恰当的初值作为纵坐标 Y_B。将该点代入历史数据样本集中,求出新的迭代函数系统 IFS。

⑥ 分别求出原 IFS 迭代系统和新的 IFS 迭代系统均方误差,然后进行比对。当新 IFS 迭代系统均方误差与原 IFS 迭代系统均方误差接近,且均方误差最小时,则设定的值就是许可误差下最符合条件的标准化预测值。然后根据标准化公式还原计算,即可得到最后的预测值。

⑦ 若步骤⑥所求出的新的 IFS 迭代系统均方误差不满足要求,可用一定的步长逐渐改变 Y_n 的大小,依步骤⑤重新判断待定值,直到满足要求为止,即可求出预测值。

2. 分形插值方法构建水库泥沙淤积量预测模型的可行性

水库泥沙淤积量具有较强的随机性和非线性性,不仅受到水文过程形成和演变过程中的许多随机因素影响,如径流过程的形成和演变中,来水量大小、时间及空间分布随机性和非线性的影响等,还受到水库下垫面的地形、地势、地质、土壤等众多随机性和非线性因素影响。虽然水库泥沙淤积的形成既受确定因素的影响,又受随机不确定性因素的作用,是非常错综复杂的非线性过程[13]。但是,不管其过程有多么复杂,与其他自然现象一样,水库泥沙淤积量的变化具有它所特有非线性、随机性、相似性等规律。大量研究资料表明,水库泥沙淤积量的变化呈现出了较为典型的分形特性。有关水库泥沙淤积量的预测,历史上曾经有过不少经验公式,其中具有代表性的公式有拉普善可夫方法及我国著名水利专家韩其为根据由不平衡输沙理论推出的计算公式等九个公式[14-16],但上述公式均存在运算量大、较烦琐且公式中有关系数的确定带有经验性等问题。上面的分析结果表明:水库泥沙淤积量变化具有良好的分形特征,能够运用分形插值理论和方法来研究泥沙淤积量动态分形规律。因此,借助分形插值方法建立水库泥沙淤积量预测模型是可行的。

3. 基于分形插值理论的水库泥沙淤积量预测模型构建实证分析

下面以某水库实测得到的泥沙淤积量和年数的数据为例,探讨构建水库泥沙淤积量与年数间关系模型,具体数据如表 10-1 所示。我们以 Y 表示年数,以 L 表示累计淤积量,单位为万吨。年数计算方法是自水库建成蓄水以来至实测日期的天数除以 365 得出,单位为年。

表 10-1　某水库泥沙淤积量—年数实测数据

年数	淤积量	年数	淤积量	年数	淤积量	年数	淤积量
0.670 0	1.848 8	3.022 3	4.640 4	5.230 5	5.480 5	11.722 5	8.263 4
0.742 2	2.327 1	3.082 3	4.944 9	5.337 6	5.787 0	11.808 3	8.607 4
0.820 0	2.695 9	3.217 9	4.906 4	5.456 1	5.911 1	11.873 4	9.012 9
0.896 1	2.429 5	3.494 3	4.631 0	5.864 7	5.720 4	11.937 2	8.712 5
0.967 6	2.524 6	3.559 9	4.807 3	6.260 7	6.285 5	11.994 4	8.843 6
1.297 6	2.519 5	3.837 7	4.885 3	6.670 4	6.487 5	12.270 2	8.870 1
1.370 7	2.716 8	3.888 1	5.205 6	6.956 2	6.814 5	12.330 7	9.183 7
1.546 9	2.624 7	3.954 3	5.173 5	7.858 5	6.879 6	12.448 0	9.209 7
1.722 5	2.789 5	4.002 0	5.188 4	9.021 6	6.993 1	12.762 9	9.209 9
1.830 3	3.159 7	4.074 0	5.148 9	9.428 9	7.188 9	13.150 2	9.584 4
1.908 7	3.530 0	4.306 3	5.283 0	10.682 1	7.885 7	13.433 9	9.998 9
1.979 8	3.637 3	4.359 6	5.327 0	10.761 5	7.991 5	13.676 9	10.106 6
2.282 9	3.639 7	4.520 9	5.272 0	10.861 6	8.013 5	14.770 1	10.123 1
2.470 2	3.814 9	4.648 7	5.313 0	10.933 2	8.120 9	15.454 2	10.379 3
2.575 4	4.318 8	4.736 5	5.950 4	11.055 0	8.429 4		
2.847 7	4.489 6	4.807 6	5.933 9	11.360 5	8.391 9		
2.940 4	4.497 2	4.894 1	5.581 8	11.450 0	8.208 8		

（1）水库泥沙淤积量分形性的定性分析

为了直观地显示水库泥沙淤积量的动态分形特征,根据表 10-1 中的泥沙淤积量实测数据,以时间为横坐标,单位为年,以泥沙淤积量为纵坐标,单位为万吨,绘出泥沙淤积量—时间的变化关系曲线,如图 10-1 所示。

从图 10-1 中可以看出,水库泥沙淤积量与年数的曲线整体上呈现出大"S"型的特征,而在某个较小的时间段内,曲线形态又呈现出了小"S"型特征,这种 S 型结构,从直观上反映了水库泥沙淤积量与年数关系曲线的自相似性分形性特征,虽然这种特征在形态上并不是严格的自相似的,但就统计学意义而言已具备了较好的自相似性特征。

（2）水库泥沙淤积量的分形插值拟合与分析

依据上述讨论,借助在科学计算方面功能强大的 MATLAB 编制相应程序,对该水库泥沙淤积量与年数间关系进行分形插值拟合,此处选取的分形插值迭代函数系统 IFS 的纵向压缩比 $d_i=0.1$,迭代次数为 2。然后将分形插值拟合点与关原始数据通过绘制图形相互比较,具体如图 10-2 所示。

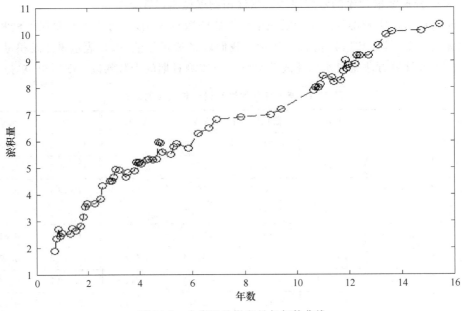

图 10-1　水库泥沙淤积量与年数曲线

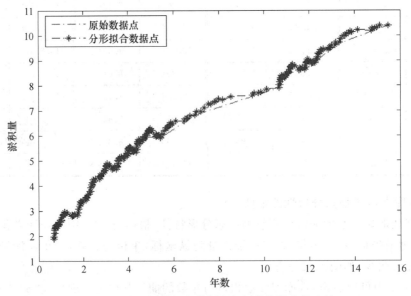

图 10-2　分形插值拟合数据点与原始数据点的比较

　　从图 10-2 中可以看出,用分形插值方法得到的水库泥沙淤积量拟合值与原始实测值非常接近,有极高的相似度和吻合度。为了进一步检验分形插值的拟合精度,将原始实测数据与分形插值拟合数据的均值进行计算比较,其结果为原始实测值的均值为 6.037 8,分形插值拟合数据的均值为 6.160 8,两者相对误差的值为 0.02,由此可见,基于分形插值构建水库泥沙淤积量预测模型是可行的。

　　(3) 基于分形插值理论的水库泥沙淤积量预测模型构建

　　这里假设排除如泄洪排沙等人为因素,依据前面文中基于分形理论的预测模型构建方法与步骤对年数为 17 时水库泥沙淤积量进行预测,过程如下。

① 选取历史数据序列作为样本点集。由于分形插值建模所需数据量不要求太多,数据量过大通常导致问题复杂度增大,因此,此处我们在表 10-1 中从第一点开始,每隔三点选取一个样本点,得到 17 组数据组成时间序列样本集。

② 标准化该样本点集。

③ 选取适当的仿射变换的垂直尺度因子 d_i。

④ 按分形插值算法的有关公式计算仿射变换中的相关参数 $a_n, c_n, e_n, f_n (n = 1, 2, \cdots, N)$,获得原历史数据样本点集的迭代函数系统 IFS。

⑤ 以需要预测的时间点(年数)为横坐标,假定一个相应的预测值为纵坐标,这里可设定为 1,将该点代入历史数据样本集中,进而得到新的 IFS 系统,

⑥ 计算并比对新旧两个系统所对应的均方误差值,通过在 MATLAB 环境中编程演算,可以得到当设定的预测值以 0.01 为步长,逐渐改变预测值至 1.21 时,计算得出对应的 IFS 系统的均方误差值为 0.304 1,最接近原始历史数据 IFS 系统的均方误差 0.304 0,即可得到满足条件的预测点。

⑦ 依据标准化公式进行还原计算,即可得到年数为 17 时的水库泥沙淤积量预测值为 12.170 7 万吨的结果。

4. 结语

本研究基于分形插值理论,在分析水库泥沙淤积量分形特征的基础上,结合具体实例,给出了该法应用于水库泥沙淤积量预测模型构建的过程。实证分析表明:采用分形插值无论是在拟合实测数据方面,还是在构建水库泥沙淤积量预测模型方面,均具有较高的可靠性和可操作性,其计算过程清晰,便于编程实现,且不需要事先人为权重赋值,从而避免由于主观因素导致的计算结果失真等优点,拟合仿真的结果与实际水库泥沙淤积量变化状况吻合度较高。但我们同时也要看到水库泥沙淤积量的影响因素非常复杂,本研究提出的基于分形插值外推方法较为适合短期预测,因此,该法也存在着一定的局限性。

10.3　铁路货运量分形插值拟合仿真与预测研究

1. 引言

铁路货运量是铁路运输市场中的重要基础数据,通常以在一定时期内铁路实际运输货运数量来计量,它是铁路运输科学调度,最大限度地发挥铁路运能的重要依据[17-18]。

通过查阅有关资料文献,关于铁路货运量预测模型的构建问题,已有许多学者在此方面进行了较为深入的研究和探讨,如吴晓玲,符卓等人利用了组合预测方法[19];张永杰基于的是灰色系统理论[20],还有蒋健等人采用的是改进时间序列法[21]。他们在前人研究的基础上,对铁路货运量的预测进行了分析研究,取得了一些成绩,具有一定的可行性。但是由于铁路货运量受到各种因素的影响,铁路货运量变化的基本特征具有沿时空分布的动态特性。大量实际资料表明:铁路货运量因其形成的复杂性而呈现出较为明显的分形特征。因此,使用基于分形插值理论的铁路货运量拟合仿真与预测更符合客观实际情况。本研究探讨了基于分形插值理论的铁路货运量动态拟合仿真模型,并在基础上对未来时间点的铁路货运量进行了预测,目的是为铁路货运的科学调度和管理提供依据,使其发挥应有效益。

2. 基于分形插值原理的拟合仿真及预测概述

分形插值法是函数逼近的重要方法之一,已被广泛地应用在科学分析和实际工程中。其原理是根据分形几何自相似性原理和迭代函数系统 IFS 理论,即分形插值是依据整体和局部相似的原理,把插值数据点的变化特征映射至相邻点之间的局部区域,在相邻的两个信息点之间得到波状起伏的形态,从而实现描述两信息点之间局部变化特征的目的,这和客观实际情况中在相邻两个信息点之间通常不是线性变化的,而是存在着局部变化的特征情形相吻合。因此,分形插值能有效地解决传统插值方法中相邻插值点间通常是用直线或光滑曲线来拟合,掩盖了局部变化特征的不足。对于具有分形特征的形体,用分形插值的方法所得到的结果更符合事物的客观实际情况。

基于分形插值的分形拟合仿真的实现过程与步骤是构建图像和迭代函数系统 IFS,选取适当的垂直比例因子 d_n 确定其中参数 $a_n, c_n, e_n, f_n (n = 1, 2, \cdots, N)$,构造吸引子 $G = \bigcup\limits_{n=1}^{N} W_n(G)$,进行仿射变换,计算序列的极限集 A,得到分形拟合仿真曲线。

3. 基于分形插值法的铁路货运量拟合仿真与预测的可行性

由于受到国民经济宏观和微观的各种客观因素的影响,铁路货运量的时间及空间分布呈现出较强的随机性和非线性性,是非常错综复杂的非线性过程。但是不论铁路货运量的形成过程有多复杂,与其他自然界现象一样,铁路货运量的变化也具有其内在的诸如非线性、随机性、相似性等规律。相关的研究资料表明:铁路货运量的变化呈现出了较为典型的分形特性。正是由于其有分形特征,我们可以应用分形插值方法来研究铁路货运量动态分形规律。因此,借助分形插值方法对铁路货运量变化进行拟合仿真和建立其预测模型具有一定的可行性。

4. 基于分形插值法的铁路货运量仿真拟合与预测实证分析

下面以 1992 年至 2007 年全国铁路货运量统计数据为例,探讨构建铁路货运量与年数间关系的拟合仿真和预测,具体数据如表 10-2 所示,其中货运量的单位为万吨。

表 10-2　1992 年至 2007 年全国铁路货运量统计数据表

年份	货运量	年份	货运量	年份	货运量
1992 年	157.627	1998 年	164.309	2004 年	249.017
1993 年	162.794	1999 年	184.554	2005 年	239.296
1994 年	151.216	2000 年	171.581	2006 年	288.234
1995 年	175.982	2001 年	203.189	2007 年	315.487
1996 年	171.024	2002 年	198.955		
1997 年	152.149	2003 年	201.178		

（1）铁路货运量分形性的定性分析

为了直观地显示铁路货运量的动态分形特征,借助表 10-2 中的铁路货运量随年份变化的实际统计数据,以时间为横坐标(单位为年),以铁路货运量为纵坐标(单位为万吨),绘出铁路货运量—年份曲线如图 10-3 所示。

从图 10-3 中可以看出,铁路货运量与年数关系图形曲线整体上呈现出大"S"型的变化趋势,而在某个较小的时间段内,曲线形态又呈现出了小"s"型特征,这种 S 型的变化趋势,

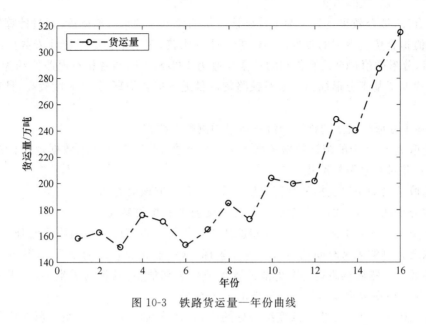

图 10-3 铁路货运量—年份曲线

从直观上进一步说明了铁路货运量随时间变化的自相似性分形特征,尽管在形态上并非严格的自相似,但就统计学意义而言已具备分形性特征。

(2) 铁路货运量分形插值拟合与仿真

依据上述讨论,在 MATLAB 环境中编制相应的程序,对铁路货运量进行分形插值拟合与仿真,此处选取的分形插值迭代函数系统 IFS 的纵向压缩比 $d_i = 0.1$,迭代次数为 3。得到的结果如图 10-4 所示。

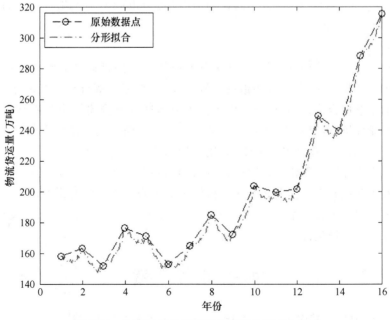

图 10-4 铁路货运量随年数变化的分形拟合仿真

从图 10-4 中可以看出,用分形插值方法得到的铁路货运量拟合值与原始统计数据有着很高的吻合度,拟合效果良好。为了检验该分形插值方法的拟合精确度,通过计算原始数据与分形插值拟合仿真得到的数据的均值进行计算比较,其结果为原始统计表数据的均值为199.161 4,分形插值拟合仿真得到的数据均值为 192.873 6,两者相对误差值约为 0.03,由此再一次说明了基于分形插值方法对铁路货运量进行拟合仿真,其精确度较高,具有较好的可行性。

（3）基于分形插值法的铁路物流货运量预测模型构建

① 选取表 10-2 中的统计数据序列作为样本点集,并用上述样本数据规格标准化公式对该样本点集进行规范标准化。

② 选取适当的仿射变换的垂直尺度因子 d_i,此处取该值为 0.1。

③ 按分形插值算法的有关公式计算仿射变换中的相关参数。

$a_n, c_n, e_n, f_n (n = 1, 2, \cdots, N)$,获得原历史数据样本点集的迭代函数系统 IFS。

④ 以要预测的未来时间点(年数)为横坐标,这里假设要预测的是 2008 年的铁路货运量,即年数取 17,然后再假定一个可能的预测值作为初值,将其视为纵坐标,这里可设定为1,将该点代入历史数据样本集中构造新的 IFS 系统。

⑤ 以 ±0.01 为步长,逐渐改变纵坐标的值,并计算新旧两个 IFS 系统所对应的均方误差值,当两者十分接近时即可得到最终的预测值。通过演算,可以发现当设定的预测值以 −0.01 为步长,逐渐改变预测值至 0.95 时,计算得出对应的 IFS 系统的均方误差值为0.305 9,最接近原始历史统计数据 IFS 系统的均方误差 0.300 9,从而得到 2008 年铁路货运量的预测值。

⑥ 依据上述规范标准化公式进行还原计算,可得到 2008 年铁路货运量的预测值为307.273 45 万吨的结果。计算过程如下:

$$y_{2008} = y_{min} + 0.95 * (y_{max} - y_{min}) = 151.216 + 0.95 * (315.487 - 151.216)$$
$$= 307.273 45$$

5. 结语

本研究基于分形插值理论,探讨了基于分形插值的铁路货运量分形拟合仿真和外推预测模型的构建方法与步骤,在分析铁路货运量非线性、自相似等分形特征的基础上,对铁路货运量进行了分形拟合仿真,并结合得出的基于分形插值外推建模法对铁路货运量进行了预测。通过实证分析,可以看出:采用分形插值方法对铁路货运量拟合仿真及进行预测具有较好的可行性,其精确度能够满足要求,采用分形插值对其进行仿真拟合具有充分反映变化的细微局部的非线性波动等优点,并且该方法计算过程清晰,易于计算机编程实现,能有效地避免其他方法存在着事先需要人为确定权重等的主观因素导致的误差。但由于铁路货运量所受到的影响因素较为复杂,并且基于分形插值外推方法对短期预测较为有效,而对长期预测则存在着一定的局限性。

本章参考文献

[1] 辛厚文.分形理论及其应用[M].合肥:中国科学技术大学出版社,1993.

[2] 李后强,汪富泉.分形理论及其在分子科学中的应用[M].北京:科学出版社,2009.

[3] 吴敏金.分形信息导论[M].上海:上海科技出版社,1998.

［4］埃德加.E.彼得斯,著.分形市场分析—将混沌理论应用到投资与经济理论上［M］.储海林,殷勤,译.北京:经济科学出版社,2002.

［5］孙洪泉.分形几何与分形插值［M］.北京:科学出版社,2011.

［6］范玉红,栾元重,王永.分形插值与传统插值相结合的方法研究［J］.北京:测绘科学,2005,(2).

［7］孙洪泉.分形插值曲面的 MATLAB 程序［J］.苏州:苏州科技学院学报(工程技术版),2006,(4).

［8］张宏伟,陆仁强,牛志广.基于分形理论的城市日用水量预测方法［J］.天津:天津大学学报,2009,(1).

［9］乐逸祥,周磊山,齐向春.基于分形插值方法的城市轨道交通车站客流拟合与仿真［J］.北京:铁道学报,2012,(8).

［10］张巍,陈恳.应用分形两种迭代算法作短期负荷预测［J］.北京:电气技术,2012,(7).

［11］王秋萍,马改姣.分形插值预测模型的构建及应用［J］.武汉:统计与决策,2012,(1).

［12］刘鑫.分形插值法在中国证券市场指数分析中的运用［D］.南京:南京理工大学,2009.

［13］雒文生.河流水文学［M］.武汉:武汉大学出版社,2002.

［14］中国水利学会泥沙专业委员会.泥沙手册［M］.北京:中国环境科学出版社,1992.

［15］韩其为.河床演变中的几个问题［M］.北京:地震出版社,1995.

［16］韩其为.何明民.泥沙运动起动规律及起动流速［M］.北京:科学出版社,1999.

［17］杨卓平,盖宇仙.基于变权重组合模型的铁路货运量预测［J］.北京:铁道货运,2009,(1).

［18］郝佳,李澜.铁路货运量组合预测模型的研究［J］.北京:铁道运输与经济,2004,26(11).

［19］吴晓玲,符卓,王璇,等.铁路货运量组合预测方法［J］.长沙:铁道科学与工程学报,2009,(5).

［20］张永杰.灰色系统理论在道路货运量、货运周转量预测中的应用［J］.北京:交通运输系统工程与信息,2003,(1).

［21］蒋健,何世伟.基于改进时间序列法的全社会货物周转量预测［J］.北京:铁道货运,2007(6).

第11章 组合预测算法应用研究

11.1 概述

1. 组合预测算法

组合预测是提高预测精度的最佳方法之一。

组合预测方法是对同一个问题,采用两种以上不同方法的预测,它既可是几种定量方法的组合,也可是几种定性方法的组合,但在实践中更多的则是利用定性方法与定量方法的组合。组合的主要目的是综合利用各种方法所提供的信息,尽可能地提高预测精度。例如,很难有一个单项预测模型能对宏观经济频繁波动的现实拟合得非常紧密并对其变动的原因做出稳定一致的解释。理论和实践研究都表明,在诸种单项预测模型各异且数据来源不同的情况下,组合预测模型可以得到一个比任何一种单项预测所得到的预测值更好的预测值,组合预测模型能减少预测的系统误差,显著改进预测精度,而预测精度是预测学研究的核心问题,从信息互补的角度,组合预测提供了一条有效的途径。

2. 组合预测算法相关研究的主要问题

组合预测算法主要涉及的研究问题一般有以下几个方面。

(1)分类问题。

(2)组合预测最优权重的计算方法,以及非最优权重的计算方法。

(3)利用信息集成算子来建立组合预测模型。

(4)利用相关性指标作为精度指标来建立组合预测模型。

(5)在模糊信息环境下建立组合预测模型。

(6)智能组合预测模型的构建。

3. 组合预测模型研究综述

科学的预测能为科学决策提供重要的理论支撑,在实际预测中,复杂预测系统广泛存在,该系统包含诸多随机或模糊等不确定性因素。传统的单项预测模型存在较大的缺陷。例如,单个预测模型考虑因素有限,模型的信息利用不够全面;另外,若预测模型的表达形式仅局限于线性或者非线性形式,则可能由于表达形式的错误选择而导致较大的系统误差,预测风险由此产生。正是由于组合预测算法能大大提高预测的精度而成了当前国内外预测领域研究的热点问题之一。

组合预测是通过某种加权平均获得集成结果,其问题的关键是确定各个单项预测方法的权重系数,现有的组合预测算法各个单项算法权重的选取通常包括如下方法。

(1)非最优组合预测模型权系数的计算方法,包括算术平均、均方误差倒数、误差平方和倒数和二项式系数等计算方法。非最优权重的优点是计算复杂度低,但是从组合预测的误差指标的结果来看,其预测效果往往不能令人满意。

（2）利用信息论中熵值的计算公式,给出误差序列的变异程度的度量指标,由此获得加权系数。

（3）根据各单项预测模型在组合预测中的贡献大小进行组合预测权系数大小的分配。即某个单项预测模型加入到组合预测中,使得组合预测的误差指标降低越多,其对应的权系数就越大。

（4）运用信息熵理论,根据各个预测模型的误差指标来计算信息熵,给出基于熵权理论的组合预测权系数确定方法。

（5）通过极小化组合预测误差平方和建立组合预测模型确定最优加权系数。

（6）在分析组合预测精度序列的基础上,通过优化有效性指标建立组合预测模型。

（7）通过引入时间权重来反映时间序列新旧程度重要性,建立不确定性环境下的区间型组合预测模型,进而通过最小化模拟值与实际值之间广义残差获得组合权重系数。

（8）通过广义逆矩阵的循环迭代,形成收敛的权系数,进而进行组合预测。

（9）根据三角模糊数的连续区间组合预测模型,推广和改进权重为固定实数的传统组合预测模型。

此外,还有一些学者从统计学角度出发,研究了权重系数的确定方法。从上面的权重确定方法综述可以看出,对于权重系数为实数的情形研究已相对完善,但是针对不确定环境下的组合预测模型,仍存在着一定的局限性。

11.2　基于组合预测算法的水库泥沙淤积量预测模型构建研究

1. 引言

水库是国民经济发展的重要基础设施,如何发挥好水库最大的社会经济效益,是水库管理单位和部门普遍关注的问题。而要做到水库合理调度,充分发挥其应有的防洪、发电、灌溉、航运、水产养殖等综合效益,科学预测水库泥沙淤积量有着重要的现象意义。要使水库真正发挥应有的效益,库容是水库调度不可忽视的问题之一,水库库容除了与其横、纵断面、水位、水深、降水量多少等原因有关外,泥沙淤积量是一个至关重要的因素。由于水库泥沙淤积量的不断动态变化,对水库泥沙淤积量没有进行科学的预测和调度,就难以使水库发挥其应有的功能,甚至会造成水库堤坝漫溢垮坝等。因此,研究科学高效的算法对水库泥沙淤积量进行实时预测,及时掌握水库泥沙淤积情况,充分掌握水库库容及相关水文等资料,对水库的优化调度,合理安排库容和控制淤积,使其长期有效地发挥应有的作用具有重要的意义[1-2]。本研究基于指数平滑、模糊移动、线性回归、灰色预测四种单项模型。探讨了组合预测模型在水库泥沙淤积量预测方面的应用,目的是为水库科学调度管理提供依据,为发挥其应有效益奠定基础。

关于水库泥沙淤积量的预测研究,历史上过去曾经有过许多经验公式,其中具有代表性的公式,有20世纪20年代奥尔特公式,及70年代我国著名泥沙专家韩其为由不平衡输沙理论推出有关公式[3]等;另外比较著名的还有拉普善可夫公式,但这些公式均存在运算量大、较烦琐且有些权重系数的确定带有经验性等问题。近年来国内许多学者在前人研究的基础上,取得了一些研究成果。如张袁[4]等人基于两个水文站流量的水库入库含沙量的预测模型,采用改进的自由搜索算法率定模型参数,并将模型应用于水库的入库含沙量的预测。高洪波、洪为善[5]利用高斯—牛顿下降法,对水库泥沙淤积量的非线性拟合进行了探讨,并以丹江口水库泥沙淤积量预测为例,依据实测统计历史数据资料,阐述了基于高斯—牛顿法非线性拟合的方法和步骤。从该文提出的丹江口水库的水库淤积量非线性拟合的实际算法可以看出,用所得非线性拟合函数来预测的结果与实测的结果有着较高的吻合度。

综上所述,虽然现有的水库泥沙淤积量预测方法已取得了较多研究成果,但总体来看,目前结构简单、实用性较强的水库泥沙淤积量预测模型构建研究仍有待进一步探索和深化。组合预测模型具有可以综合有关各种单项模型所提供的信息,避免单项模型丢失信息的不足等优势,能有效地提高预测精度,因此,将组合预测模型应用于水库泥沙淤积量的预测,对水库调度和水库发挥应有效益有着重要的现实意义。

2. 常用的单项模型预测方法概述

(1)指数平滑法

指数平滑法是在移动平均法基础上发展而来的,属于时间序列分析预测法中的一种,其原理是通过加权平均计算指数平滑值,依据一定的时间序列模型对未来进行预测,指数平滑法又分为一次、二次、三次指数平滑模型,其预测模型为

$$Y_t = \alpha y_t + (1-\alpha)Y_{t-1}$$

(2)线性回归法

线性回归预测是使用回归分析法对客观事物数量间的相互关系进行分析,也是数理统计中的一个常用的方法。依据自变量数量的不同,线性回归法又可分为一元线性回归和多元线性回归,其方程的一般形式为

$$Y_t = a + bX_t$$

(3)移动平均预测法

移动平均法是自适应预测模型中的较为简单的一种方法,它是用一组最近的实际数据值来预测未来数据,能较为有效地消除预测中的随机波动而被广泛地应用于事物的变化发展预测中,根据预测时使用的各变量的权重的不同,可以分为简单移动平均和加权移动平均[6]。

(4)灰色预测模型

灰色预测法是通过对少量的、不完全的贫信息的灰色系统进行分析来建立预测模型的方法,是关于事物发展规律的模糊性描述[7-8]。其原理是将一组离散随机的原始数据经多次累加生成后使其成为有规律的生成数据,以弱化原始数列的随机性和波动性,强化其规律性,然后再对累加生成数据进行序列建模,最后进行相应的累减还原而得到最终的预测值。灰色预测模型因其方程阶次和变量数量的不同有多种形式。

3. 组合预测模型及其优势

组合预测方法即是对同一个问题,将多种不同单项预测方法进行组合的预测方法。组合预测的主要目标是综合利用各种单项预测方法所提供的信息,尽可能地提高预测精度。其原理是对多种相关单项预测方法进行适当组合,通过确定各种单项模型在组合模型中的相应权重系数,使组合预测模型的精度满足要求。与单项模型预测方法相比,组合预测模型综合了相关各种单一模型所提供的信息,避免了单一模型丢失信息的不足,进而达到提高预

测精度的目的[9-10]。组合预测模型的构建思路如下。

设对同一预测问题有 m 种预测方法，记 $y_t(t=1,2,\cdots,n)$ 为该问题的实际观测值，f_{it} 为第 i 种预测方法（$i=1,2,\cdots,m$）的预测值。

求出第 i 种方法的预测值 f_{it} 对应于实际观测值的样本标准差：

$$s_i = \sqrt{\frac{1}{n-1}\sum_{i=1}^{n}(y_{ij}-f_{ij})^2}$$

则权重系数分别为

$$k_i = s_i^{-1} / \sum_{i}^{n} s_i^{-1}, \quad (i=1,2,\cdots,m)$$

进而得到组合预测模型为

$$f_t = \sum_{i=1}^{n} k_i f_{it}$$

4. 基于组合预测模型的水库泥沙淤积量预测模型的构建

（1）数据收集与整理

为了利用上述各模型进行水库泥沙淤积量预测，下面以某水库 1992 年至 2007 年泥沙淤积量基础数据为例进行预测。有关数据如表 11-1 所示。

表 11-1 　水库泥沙淤积量 **1992 年至 2007 年实测数据**（单位：百万吨）

年份	淤积量	年份	淤积量	年份	淤积量
1992 年	157.627	1998 年	164.309	2004 年	249.017
1993 年	162.794	1999 年	184.554	2005 年	269.296
1994 年	151.216	2000 年	171.581	2006 年	288.224
1995 年	175.982	2001 年	203.189	2007 年	315.487
1996 年	171.024	2002 年	204.955		
1997 年	152.149	2003 年	221.178		

（2）基于四种单项模型和组合预测模型的水库泥沙淤积量预测

首先采用上述数据分别进行四种单项模型的预测，然后依据四种单项模型预测结果计算组合预测各个权重系数，进而构建组合预测模型，求出相应的组合预测模型的预测值，其具体求解过程如下。

① 指数平滑模型预测。这里采用二次指数平滑，平滑系数 α 的选取是经多次取值进行误差分析后，最终采用使其误差较小的 0.8 作为平滑系数。

② 线性回归法。本文采用一元线性回归模型进行水库泥沙淤积量预测。

③ 移动平均预测法。针对一般移动平均法常常由于权重分配不当而造成预测精度不高的缺点，结合水库泥沙淤积量变化的特性，这里采用改进的时间序列模型即移动平均法来对水库泥沙淤积量进行预测，即过滤一些随机干扰的数据，对于需重点利用的数据赋予更多的权重。其预测模型为 $\hat{Y}_{n+1}=Y_n(k)+b_j$。这里 $Y_n(k)=\dfrac{\rho_{n-1}Y_{n-1}+\rho_n Y_n+\rho_{n+1}Y_{n+1}}{\rho_{n-1}+\rho_n+\rho_{n+1}}$，变量 ρ_n 为相应的权重系数，用来表示第 n 个数据的重要程度，b_j 可通过外推计算得出。

④ 灰色预测。结合实际情况，这里使用灰色预测 GM(1,1) 模型对该水库泥沙淤积量

进行预测,该模型的阶次和变量数均为 1。借助灰色预测 GM(1,1)模型的系统定性分析、因素分析、初步量化、动态量化、优化的五步建模法[11],得到模型方程:

$$\frac{\mathrm{d}Y(1)}{\mathrm{d}t} + aY(1) = b$$

然后再作差分运算,进行数据还原,进而得到预测值。

⑤ 组合预测。其核心计算思想为:水库泥沙淤积量组合预测结果等于各单项模型预测结果与相应的权重数乘积的总和。就此处水库泥沙淤积量预测问题,即水库泥沙淤积量组合预测结果等于各种模型预测结果乘以权重的总和。其中的各种单项预测模型在组合模型中的相应权重系数可以按上述公式求出,分别为

0.246 705 968,0.197 906 244,0.238 242 12,0.317 146 593

下面以 2002 年—2007 年该水库泥沙淤积量为例,运用四种单项模型和组合模型进行预测,所得到的预测值如表 11-2 所示,预测结果拟合图形如图 11-1 所示。

表 11-2　五种预测方法的预测值

年份	实际值	指数预测	模糊预测	灰色预测	线性回归预测	组合预测
2002 年	204.955	198.891	197.753 6	185.218 1	210.821 8	199.192 4
2003 年	221.178	215.605 3	212.131 6	219.568 4	216.165 6	216.040 0
2004 年	249.017	237.657 4	230.166 1	236.421 8	239.441 1	236.446 4
2005 年	269.296	258.788 2	261.369	266.888 3	262.053 1	262.264 4
2006 年	288.224	278.472 3	273.408	295.747 4	293.634 9	286.394 7
2007 年	315.487	302.149 1	305.085	315.851 5	323.458 5	312.753 1

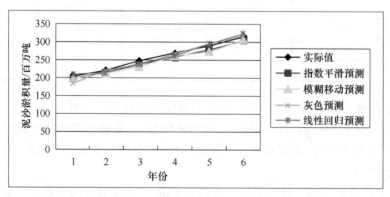

图 11-1　五种预测方法与实际值比较

5. 四种单项模型和组合预测模型的水库泥沙淤积量预测误差分析

为了进一步比较四种单项预测方法与组合预测模型的精度,对上述各模型预测结果进行误差分析,结果如表 11-3 所示。

表 11-3　五种方法预测的误差对比

	指数预测	模糊预测	灰色预测	线性回归预测	组合预测
平均绝对误差	9.734 8	11.676 4	5.046 1	0.732 83	6.146 8
平均绝对误差百分比	3.750 7	4.580 2	3.465 1	2.969 4	2.539 3

从上述表11-3中可以得出以下结论：

(1) 在上述各单项模型中，指数平滑、模糊移动、灰色预测三种模型所需的数据量相对较少，较为简便，可操作性较强；线性回归模型虽然所需的数据量较多，但就该问题而言，直观性较强，且从上述讨论中可以看出线性回归在组合预测模型中的权重最高，表明就本问题而言，线性回归较之于其他三种单项模型占有更重要的地位。

(2) 四种单项模型方法具有各自的特点，在预测之前哪种预测模型最优通常无法判断，而组合预测综合利用了各种预测模型所提供的信息，避免了单项模型丢失信息的不足，同时对各单项模型分配适当的权重的过程也可对各模型适应度进行有效的检验。

(3) 从表11-3的结果还可以看出，在四种单项模型的平均绝对百分误差中，线性回归模型最低，移动模型为最高，组合预测模型预测值的平均绝对误差百分比较之于线性回归模型更低，表明组合预测模型可以有效提高预测性能，与单项预测模型结果相比，组合预测模型预测的水库泥沙淤积量与实测值吻合度更高，且具有较强可操作性。

6. 结语

本研究依据水库泥沙淤积量的历史实测数据，提出了一种基于组合预测模型的水库泥沙淤积量模型构建的方法。其主要步骤和过程是：首先通过建立四种常用的预测模型得出预测结果，然后以四种预测方法的标准差计算得出的权重值作为权数，构建组合预测模型，进而得出较为理想的预测值。采用组合预测模型可以有效地克服传统水库泥沙淤积量预测方法存在着的运算量繁杂、存在一定的误差等问题，既结合了单项预测模型的长处，又避免了单项模型丢失信息的不足。实例分析表明：组合预测结果更符合水库泥沙淤积量变化的实际情况，不失为一种有效的水库泥沙淤积量预测方法。

本章参考文献

[1] 秦毅,石宝,李楠,等.含沙量预报方法探讨[J].北京:泥沙研究,2010,(1).

[2] 吴巍,周孝德,王新宏,等.多泥沙河流供水水库水沙联合优化调度的研究与应用[J].杨陵:西北农林科技大学学报(自然科学版),2010,(12).

[3] 韩其为.何明民.泥沙运动起动规律及起动流速[M].北京:科学出版社,1999.

[4] 张袁,付强,王斌.基于自由搜索的水库入库含沙量预测模型[J].石家庄:南水北调与水利科技,2012,(6).

[5] 高洪波,洪为善.基于非线性拟合的水库泥沙预报模型研究—以丹江口水库为例[J].南昌:企业经济,2011,(2).

[6] 李云刚.基于移动平均法的改进[J].武昌:统计与决策,2009.

[7] 邓聚龙.灰色系统基本方法[M].武汉:华中理工大学出版社,1996.

[8] 刘思峰,郭天榜,党耀国,等.灰色系统理论及其应用[M].北京:科学出版社,1999.

[9] 吴晓玲,符卓,王璇,等.铁路货运量组合预测方法[J].长沙:铁道科学与工程学报,2009,6(5).

[10] 杨卓平,盖宇仙.基于变权重组合模型的铁路货运量预测[J].北京:铁道货运,2009,(1).

[11] 戴羽,王媛媛,王伦夫.基于灰色GM(1,1)模型的安徽省GDP总量预测[J].重庆:重庆工学院学报(自然科学版),2008,(2).